Idea man

Idea man

一看就懂！
圖解 1小時讀懂
阿德勒心理學

永藤かおる 著
岩井俊憲 監修
邱香凝 譯

悩みが消える「勇気」の心理学
アドラー超入門

前言

給所有「希望改變」、「想獲得幸福」的人

「爲什麼在職場上總覺得格格不入。」
「沒有能敞開心胸說話的朋友。」
「和別人在一起時，無法打從心底笑出來。」

你是否也有這類人際關係上的煩惱？

事實上，以前的我也有。
太過忙碌的工作讓人疲倦，感受不到原本的成就感，職場上人際關係鬧僵，和主管、同事對立，每天煩躁焦慮，過著不開心的生活。

到最後……
「我爲什麼會變成這樣的人？」
「覺得一切都好麻煩，眞想全丟下不管。」

我甚至把自己逼入這樣的窘境。

但自從遇見阿德勒心理學後，幫助我脫離了這樣的黑暗人生。

我房間的書架上，放著幾年前參加當時職場舉辦的研習時，發給每個人的阿德勒心理學書籍。有一次自己狀況不好，碰巧拿下這本書翻閱，讀著讀著，發現水泥般僵硬的心和不知變通的思考，竟然產生逐漸鬆開的感覺。

以此爲開端，我主動參加了在東京神樂坂舉行的「阿德勒心理學基礎講座」。

在那裡，我認識了日本阿德勒心理學界第一把交椅，也是後來成爲我恩師的岩井俊憲老師。

- 情緒能夠控制。
- 人類可以靠自己決定自己的行爲。
- 認定失敗就是壞事的，其實是自己。
- 人類的煩惱都來自人際關係。

・認爲「被衆人討厭」不過是自己的錯覺。

我學到的這些東西，撼動了過往的價值觀。但是，這卻是令人感到自在的變化。愈是深入了解阿德勒心理學，愈常察覺「自己的勇氣受挫」，而只要在生活中實踐阿德勒心理學，就能爲我「鼓舞勇氣」。

就這樣，我慢慢恢復精神，又能再次面對人生了。

「希望自己也能將這麼棒的阿德勒心理學傳授給別人！」

「想爲正在煩惱的人帶來幫助！」

這麼想的我，成爲一名心理諮商師。

本書從岩井俊憲老師及我自己至今發表的著作中，特別選出適合初次接觸阿德勒心理學的人看的文章，再以平實易懂的方式改寫，並加上圖解整理。也可以說，這本書就是阿德勒心理學的精選集。

我在撰寫本書時，打從內心相信這本書能將阿德勒心理學的精彩之處傳遞出去，成爲你人生朝美好方向轉變的助力。

衷心希望各位都能實踐阿德勒的教誨，走上感受幸福的人生。那麼，現在就和我一起踏出第一步吧！

HUMAN GUILD
永藤かおる

什麼是讓人生好轉的阿德勒心理學？

乾杯
好久不見！
我們多久沒碰面啦？
有七年了吧？
大家最近過得如何？
A男
B太
C美
D子
我還是在公司領死薪水。
我也是。
我在養小孩。
A男交到新女友了嗎？
沒有啦！
ニヤリ
囉唆耶！

D子呢？
我最近在參加阿德勒心理學的講座喔！
我在電視劇裡看過，是外國的作家嗎？
阿德勒與佛洛伊德、榮格齊名，是三大心理學家之一。
阿德勒
啊～好像有聽過這名字。
妳在那裡都學些什麼？
沒錯！阿德勒心理學是在日常生活中應用的學問！
喔喔～！具體來說？
主要是解決人際關係煩惱的方法。
喔—
是喔！原本以為很艱澀，聽來好像滿平易近人的嘛！

比方說
我被之前的男朋友甩了，好一段時間不敢談戀愛……
因為過去失戀的關係，以為自己會一直沒法再戀愛了。
我也是！
可是呢，阿德勒是這樣說的——
人類的行動必然有其目的。
對耶！
之所以不再戀愛是因為失戀傷了心的關係。
別再執著過去的原因，要看未來的目的。過去已經無法改變，可是未來可以改變。
原來如此，這非常有參考價值耶！
好有趣喔！還有其他的嗎？
人類只會用主觀意識掌握事物。
咦？
嗯～？所以呢？
所以我們會產生錯誤的信念。
＝基本錯誤

嗯？錯誤的信念？
嗯
在學習阿德勒心理學前，我一直以為職場上的同事都討厭我。
真的嗎？其實我也是……
不過我不認為這是錯誤信念啊！
我懂。
可是，一旦真的要我舉出到底誰討厭我，我也只舉得出四個人喔。
的確……
○○先生
△△小姐
××先生
我只有三人。所以真的是錯誤信念嗎？
點頭
阿德勒心理學太厲害了吧？
嗯！感覺好像瞬間就把煩惱解決了！
我或許會想深入學習更多喔！
我也想解決煩惱！
對啊！我也還想學習更多的阿德勒！
好耶!!
那我們一起學習吧！
好喔
！

目次

前言 給所有「希望改變」、「想獲得幸福」的人 2
什麼是讓人生好轉的阿德勒心理學？ 6

Chapter 1 解決煩惱，獲得幸福

用阿德勒心理學消除煩惱吧！ 16
01 人生課題 我們遇見的五大課題 20
02 人生風格① 改變自己是為了成為自己喜歡的人 24
03 人生風格② 在以人生風格塑型前 28
04 自卑感與自卑情結 跟自卑感站在一起，讓人生朝好的方向轉變 32
05 鼓舞勇氣與共同體感覺的關聯 先了解阿德勒心理學的整體概要 36
Column1 何謂現代阿德勒心理學？ 40
阿德勒心理學 習題① 42

Chapter 2

邁向擁有勇氣的人生

從阿德勒心理學的核心「鼓舞勇氣」開始吧！ 46
01 勇氣受挫的行為 事情不順利是因為勇氣受挫了 50
02 不適當的行為 不適當的行為有四個目的 54
03 勇氣與蠻勇的不同 不必勉強挑戰，不做不講理的事 58
04 何謂勇氣 了解勇氣的內涵，就能更接近阿德勒的思考 62
05 鼓舞勇氣的前提條件 能夠鼓舞他人的勇氣，人際關係也會變好 66
06 稱讚與鼓舞勇氣的不同 「稱讚」是上對下，「鼓舞勇氣」是同理心 70
Column2 在阿德勒心理學中，比實驗數據更重要的東西是什麼？ 74
阿德勒心理學 習題② 76

Chapter 3
了解阿德勒心理學的五大支柱，實踐鼓舞勇氣的方法

來學習阿德勒心理學的五大支柱吧！ 80

01 自我決定性 決定人生命運的主角就是你自己 84

02 目的論 你可以改變未來 88

03 整體論 不用為意志不堅定而煩惱 92

04 主觀認知論 改變看法，察覺錯誤信念，讓心情變輕鬆 96

05 人際關係論 人們總在互相影響中活下去 100

Column3 阿德勒心理學裡不存在心靈創傷？ 104

阿德勒心理學 習題③ 106

Chapter 4
善用鼓舞勇氣技巧，發揮最大作用

透過鼓舞勇氣的方法改善人際關係 110

01 「挑毛病」與「找優點」 看似沒用的人也會做出「好的行為」 114

02 感謝的迴力標效果 感謝會產生良性循環 118

03 過程與成果的落差 總之先不要在意結果 122

04 接受失敗的方式 接受失敗的方式足以改變未來 126
05 課題分離 不要涉入別人的課題，專注於自己的課題 130
06 I（我）訊息 糾正別人時，使用「I（我）訊息」 134
07 放大表達與限縮表達 大大肯定，小小否定 138
Column4 阿德勒是佛洛伊德的學生？ 142
阿德勒心理學 習題④ 144

Chapter 5

為了感受幸福，應該以「共同體感覺」為目標

所有人都隸屬於某共同體 148
01 共同體 共同體感覺是用來衡量精神健康的指數 152
02 共同體感覺 「貢獻感」充實人生 156
03 人際關係 讓人際關係順利的六種態度 160
04 精神上的健康 幸福的人重視的六大重點 164
05 理想 與其怨歎無力，不如追求理想 168
Column5 和寵物或外星人之間也能擁有共同體感覺？ 172
阿德勒心理學 習題⑤ 174

Chapter 6

在日常生活中運用阿德勒心理學

讓阿德勒心理學在日常生活中派上用場吧！ 178

01 憤怒是第二層情感 和憤怒焦慮好好相處 182

02 重新架構 因為無法喜歡自己而沮喪時怎麼辦 186

03 他人與自己 逛社群網站也無法放鬆時怎麼辦 190

04 同感與同情的不同 接受商量卻打壞關係時怎麼辦 194

05 尊敬 對相處不來的人不耐煩時怎麼辦 198

06 愛的課題 談不了戀愛時怎麼辦 202

07 樂觀主義 職場上有人愛抱怨時怎麼辦 206

08 自然發展的後果與講道理的後果 忍不住干涉孩子時怎麼辦 210

Column6 阿德勒不是博士嗎？ 214

阿德勒心理學 習題⑥ 216

結語 為了實踐阿德勒心理學 219

Chapter 1

解決煩惱，獲得幸福

認識煩惱的「根源」，
踏出邁向「幸福」的第一步。

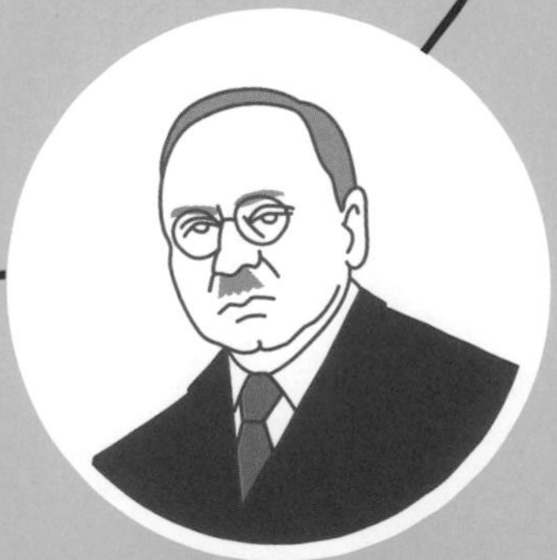

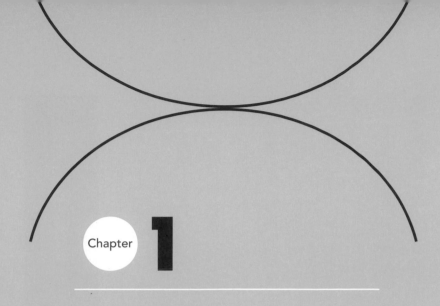

用阿德勒心理學消除煩惱吧！

▼人類一切煩惱都來自人際關係

「職場上有應付不來的人，對工作意興闌珊。」

「總覺得朋友圈裡只有自己格格不入。」

「害怕被討厭，說不出自己的意見。」

就像這樣，每個人的煩惱不盡相同，有些人甚至不只一種煩惱。

阿德勒心理學認爲，「人類一切煩惱都來自人際關係」。

例如「瘦不下來」的煩惱，乍看之下似乎是爲了自己，其實是出於「與他人比較」的心理，形成無法原諒自己的表現。

又例如繭居族「不想再把自己關在房裡」的煩惱，背後的原因或許是想透過繭居強調自己的無能爲力，試圖吸引別人注意的心理表現。

人類一切煩惱都來自人際關係

不想去上班

↓

職場上有應付不來的人

在團體裡格格不入

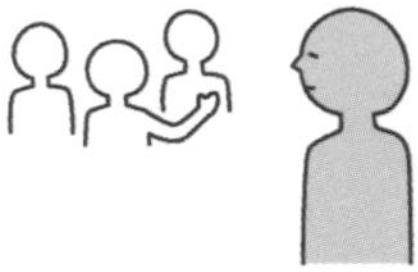

↓

不懂如何與人相處

育兒不順利

↓

對親子關係沒有自信

無法脫離繭居生活

↓

希望他人認同自己的無能為力

想瘦下來

↓

討厭比別人醜的自己

說不出自己的意見

↓

害怕被討厭

換句話說，我們的煩惱必然與他人有關。阿德勒心理學認爲，只要改善人際關係，就能解決煩惱，朝幸福人生更邁進一步。

▼為了消除煩惱，首要重新檢視自己

人際關係受到以下四個要素影響。改變任何一個要素，受到那個要素影響的人際關係自然就會產生變化。

❶自己（自己的想法與行為）；

❷對方（對方的想法與行為）；

❸關係（情侶關係、主管與下屬關係）；

❹環境（職場、住家等等）。

要改變「對方」的想法非常困難，想完美掌控「關係」一樣非常困難。另外，就算想追求理想的「環境」，也難免會有極限。換句話說，當我們試圖改善人際關係時，最快看到效果的方法，就是靠「自己」的意志力改變我們自己。首先，一起來看看如何重新檢視自己，改善人際關係吧！

如果是自己，只要靠意志力就能改變

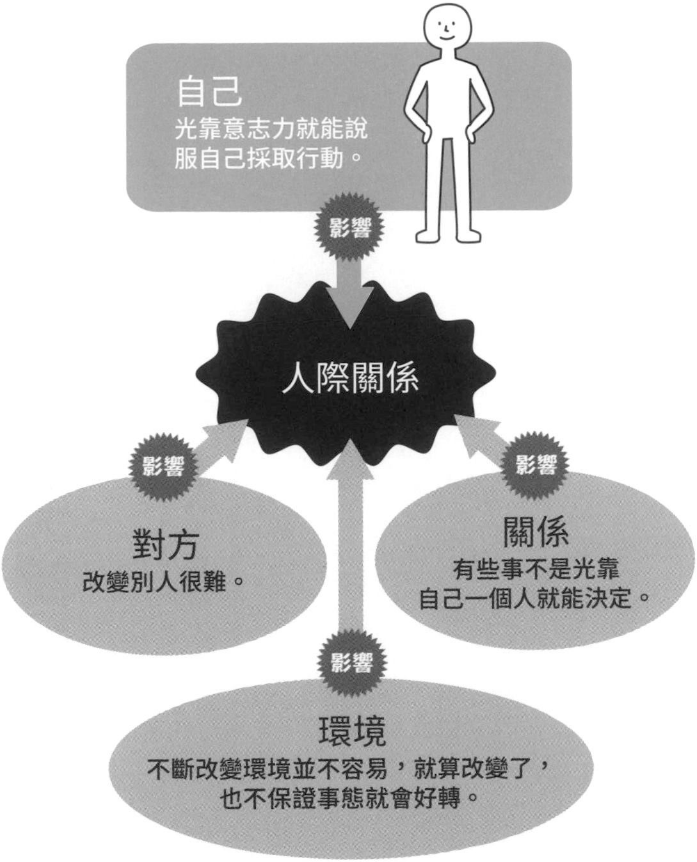

想改善人際關係先從改變自己開始！

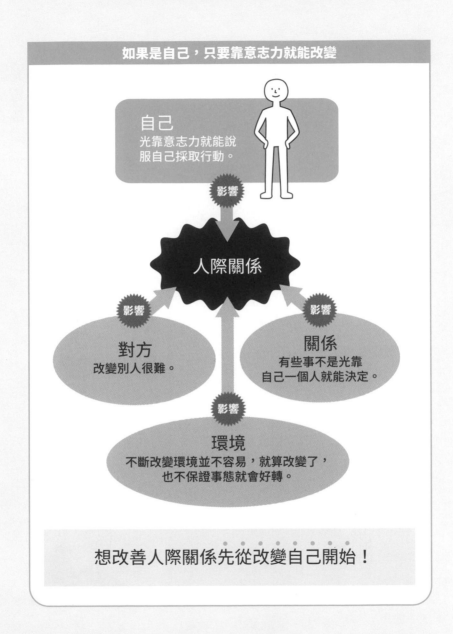

人生課題

01 我們遇見的五大課題

POINT ① 直視人生的五大課題。

POINT ② 檢視「充實度」，作為人生指標。

▼阿德勒展示的三十二課題

人在一生中會面臨各式各樣的課題，阿德勒將這些課題稱爲「人生課題」，分成以下三類：

❶工作課題

工作，就是自己在社會上被賦予的職務。不只賺取薪資的工作，專業家庭主婦的家事、育兒，學生的課業及孩子的遊戲都包含在內。

❷交友課題

交友，指的是保持與周遭其他人良好的人際關係。除了朋友和職場同事外，與身邊眾人的交流往來也包含在內。

❸愛的課題

夫妻、親子等家庭關係、伴侶關係之間的課題。特徵是關係愈深的對象，一旦出現問題就愈難修復。

除了這三個課題，現代阿德勒心理學又另外加入了兩大課題。

❹自我課題

自我課題，就是透過與自己的相處接受自己。健康、嗜好、娛樂等構成自我的條件都包含在內。

❺靈魂課題

與超越人類的存在相處的課題。包括大自然、神佛及宇宙、冥想與宗教儀式等。

▼試著作為人生的指標

這與你相關的五大課題，假設以十個階段來評分，你的充實度達到第幾階段了呢？

這裡的充實度指的不是花費的時間，而是精神上的充實程度。

人生課題將成爲我們人生的指標。透過評分，就能客觀判斷自己現在最重視哪項課題，又對哪項課題感到不滿足。

如果現在的狀態是「喜歡工作的內容，但老是加班加到筋疲力盡，面臨緊繃極限」，這樣的人對工作課題的評分一定不高。反過來說，就算看在別人眼中朋友不多，只要自己對與周遭的人際關係感到滿足，交友課題就有可能獲得高評價。

不需要取得整體平衡。對於自己不重視的課題，不用刻意取得高評價。充其量只是用自己的標準，確認「哪一項課題想怎麼做」。

請定期檢視各項課題的充實度，隨時思考「現在必須投入哪項課題」，如此一來，一定能提高人生的滿意度。

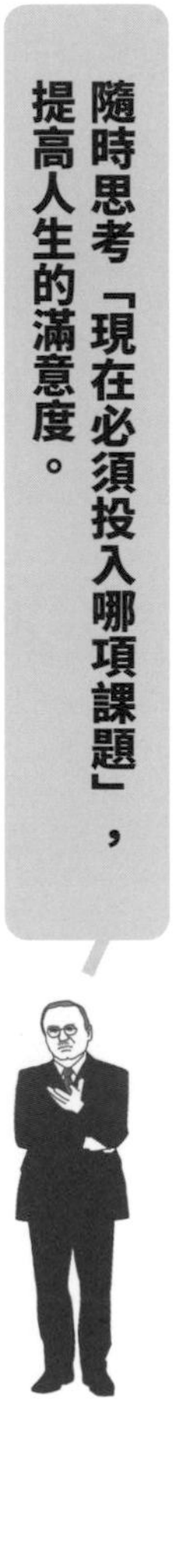
隨時思考「現在必須投入哪項課題」，
提高人生的滿意度。

五個人生課題

阿德勒提出的三個課題

❶工作課題

不只賺取薪資的工作，學生的課業、專業家庭主婦的家事及育兒也包括在內。

❷交友課題

如何與友人維持良好關係。

❸愛的課題

情侶或夫妻的伴侶關係、親子關係等親密關係。

＋

現代阿德勒心理學追加的兩個課題

❹自我課題

如何與自己相處。健康、嗜好與娛樂都包括在內。

❺靈魂課題

如何與超越自我的偉大存在（大自然、神佛、宇宙）共處。

人生風格①

02 改變自己是為了成為自己喜歡的人

POINT ① 人不管活到幾歲都能改變性格。

POINT ② 建立適當目標，接近自己「希望成為的模樣」。

▼改變自己永遠不遲

阿德勒有一個英國學生西德尼·馬丁·羅斯，他對阿德勒提出過一個問題，後來成爲知名的小故事。

「如果想改變性格，到幾歲前算爲時已晚？」

阿德勒的回答是：「死前一、兩天吧。」

阿德勒心理學認爲，「人無論何時都能改變自己」。換句話說，就是認爲「性格是可以改變的」。

話雖如此，「性格」這詞彙聽起來就給人難以改變的印象，所以乾脆換個稱呼，說是「人生風格」。即使聽到「性格可以改變」會心存懷疑的人，或許也能認同包括思考風格、感情風格或行動風格在內的人生風格，「可以靠自己努力改變」。

一旦認定「不會改變」，就不會想去努力改變。所以，不妨先建立「人生風格可以靠自己改變」的觀念，如此才有可能進一步改變。

▼構成人生風格的三要素

我們可將人生風格解釋為「關於自己與世界的現狀及理想之信念體系」。據此為人生風格整理出以下三個要素：

❶自我概念；
❷世界的樣貌；
❸自我理想。

❶自我概念意指「認為自己是什麼樣的人」。舉例來說，如果愛迪生的自我概念是「我容易失敗」、「我遇事容易挫折」，或許他就無法反覆進行那麼多次實驗了。正因

愛迪生認爲自己是個「不容易受挫的人」，才能從一再的失敗中逐步邁向成功。反過來說，一個認爲自己「容易失敗」的人，一遇到失敗就覺得「這是自己應有的結果」，成功時反而認爲「怎麼會有這種事」。

❷世界的樣貌，指的是對世界、男性、女性、周遭人們等世上各式各樣事物的認知。比方說，認爲「男性是卑鄙的」、「周圍的人是不可信任的」、「家人是溫暖的」……像這樣，自己對世上一切事物做出的認知，就是這裡所說的「世界的樣貌」。

❸自我理想，指的是希望自我概念或世界樣貌「可以這樣」、「可以那樣」的想法。改變人生風格，就是配合自我理想，針對自我概念及世界樣貌設定適當目標的過程。

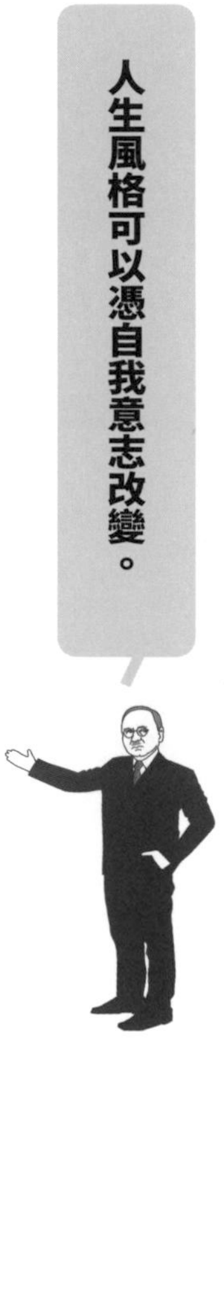

構成人生風格的三要素

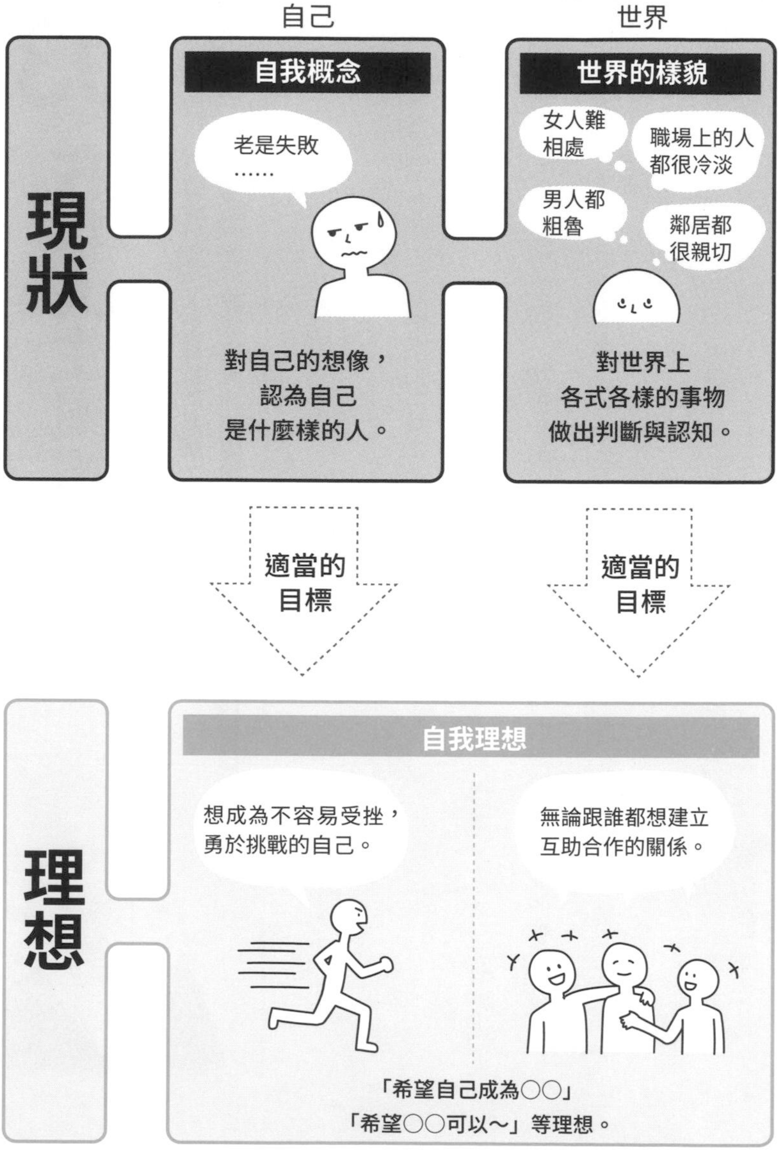
自己
世界
現狀
自我概念
老是失敗……
對自己的想像，
認為自己
是什麼樣的人。
世界的樣貌
女人難相處
職場上的人都很冷淡
男人都粗魯
鄰居都很親切
對世界上
各式各樣的事物
做出判斷與認知。
適當的目標
適當的目標
理想
自我理想
想成為不容易受挫，
勇於挑戰的自己。
無論跟誰都想建立
互助合作的關係。
「希望自己成為○○」
「希望○○可以～」等理想。

人生風格②

03 在以人生風格塑型前

POINT① 人生風格的基礎，型塑於八到十歲。

POINT② 雖然也有外來因素影響，最後還是取決於自己。

▼影響人生風格的三要因

如同前述介紹的，只要自己有意願，就能夠改變人生風格。當然，不希望改變的人沒必要改。不過，站在阿德勒心理學的觀點，只要自己「有心改變」就能改變。

阿德勒認爲人生風格的根幹形成於四到五歲。現代阿德勒心理學則認爲人生風格的基礎，在八到十歲前就成形了。

那麼，影響人生風格的要因是什麼呢？大致上可分成以下三種：

❶身體方面的影響

最具代表性的影響就是「氣質的遺傳」及「器官自卑」。「身高太矮」、「身體孱弱」等體能或體力上的特徵，都會對人生風格造成影響。

❷自卑感

感到自卑，覺得自己不如他人。詳細內容後續說明。

❸環境

「家族排列」與「文化」。

家族排列的「排列」，原意是物品的配置，在心理學上也用來指狀態或境遇。簡單來說，在阿德勒心理學中，家族排列指的是，與家人相關的各種狀態。除了父母的思考方式一定會對孩子造成影響外，家庭內的氣氛也有所影響。

在家族排列中，阿德勒特別重視手足關係。例如出生順位或兄弟姊妹間的競爭關係，身為家中長子、第二個孩子、中間的孩子或最小的孩子、獨生子女等，在手足關係中的不同狀態，顯現出不同的特徵與傾向。

文化指的是，除了民族性、地區性外，也用來指自己身處的群體特有的模式。

▼盡可能做出有建設性的決定

上述因素都有可能對人生風格造成影響。但是，阿德勒的結論是，「人生風格取決於自己」。

在某些心理學論述中，認為單親家庭長大或從小身體有障礙的狀況下，會對性格造成不良影響。

然而，阿德勒心理學的觀點是，「或許會有影響，但不是決定性的因素」。做決定的，再怎麼樣都是自己。自己的身體處於什麼樣的環境，而自己對此有什麼感覺，賦予這種狀況什麼樣的意義，這才是重點。即使擁有相同經驗，接受與解讀的方式依然因人而異。換句話說，一切端看自己怎麼做。那麼，當然希望能盡可能做出有建設性的、積極向前的決定。

面對同樣狀況，每個人接受與解讀的方式都不一樣。盡可能往有建設性的方向思考吧！

人生風格是如何創造的？

主要的影響因素

- ❶身體方面的影響
  - 氣質的遺傳
  - 器官自卑
- ❷自卑感
- ❸環境
  - 家族排列
    - 手足關係（阿德勒最重視的）
      - 出生順位
      - 競爭關係
    - 家庭價值（父母對孩子要求的東西）
    - 家庭內的氣氛
  - 文化

影響

雖會造成影響，
但不是決定性的因素。

人生風格

決定

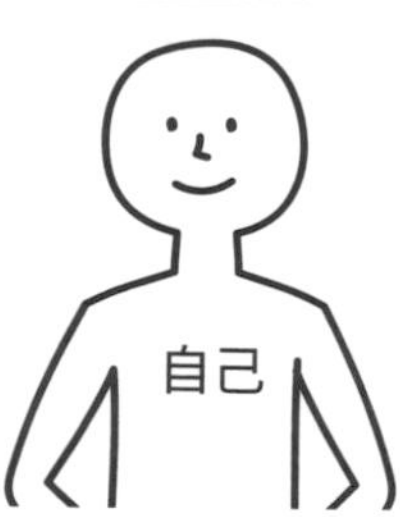

人生風格
取決於自己。

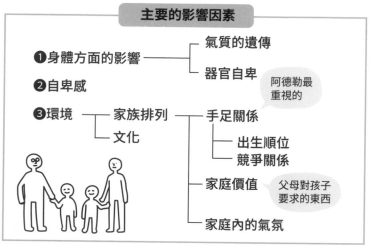

自卑感與自卑情結

04 跟自卑感站在一起，讓人生朝好的方向轉變

POINT ① 自卑感有好有壞。

POINT ② 釐清阿德勒提倡的三種自卑感。

▼令人感到「自卑」的事可分為三種

「工作成績比不上同屆進公司的同事。」

「自己不擅長唸書。」

就像這樣，大部分人都會對某事抱持自卑感。或者應該說，不對任何事感到自卑的人還比較少。

自卑感這詞彙容易給人負面印象。但是，阿德勒心理學認爲，若能好好運用自卑感，使其成爲自己的助力，反而能夠促進成長。

相反的，如果自卑感朝壞的方向發展成一種病，人們就容易在重要時刻產生「不可能」、「沒辦法」、「我辦不到」的心理，落入一味逃避的下場。換句話說，重要的是「如何與自卑感共處」。

以下，先介紹阿德勒對自卑感的三種分類：

❶劣勢

客觀推測的身體方面特徵，例如肢體障礙、身材高矮、是否罹患痼疾等等，都可列入此項。用阿德勒的說法，就是「器官自卑」。

❷自卑感

自己內心感受到的不如人，也可說是理想或目標與現實之間的落差。舉例來說，即使擁有高於平均的能力，只要自己認爲不如人，就會產生自卑感。

❸自卑情結

因爲太執著於自己的劣勢，進而逃避面對自我課題的態度。過度的自卑感，被阿德勒形容爲「幾乎是一種病」。

此外，與「自卑情結」相反的則是「優越情結」。有優越情結的人會刻意炫耀自己過去的成績，誇飾認識的人有多厲害等等，其實這也是擺脫不了自卑感而產生的結果。

▼人類從自卑感中獲得發展的反彈力

我們可以簡單地說「劣勢是事實／自卑感是自己的感受」，只要適度運用上述兩者，就有可能改善身處的狀況，所以，沒必要否定劣勢或自卑感。

人類本來就是一種爲了「拉近理想或目標與現實之間差距」而付出努力的生物。人類發展文化的開端，也可說是爲了彌補劣於其他動物的體能。

相較之下，自卑情結卻是逃避自我課題的主要原因。所以，應該放棄的是自卑情結。不執著於自己感受到的自卑感，取而代之的，是付出努力，引導自己往好的方向前進。

有自卑感是正常的事。
自卑感能成為努力與成長的動力。

自卑感與自卑情結

自卑感是正常的感受

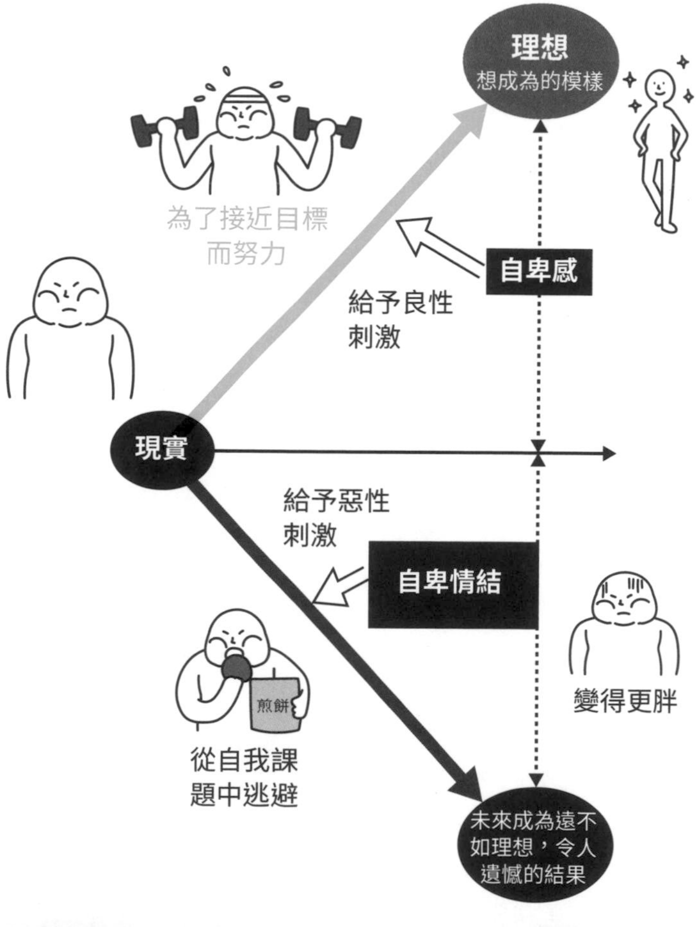
理想
想成為的模樣
為了接近目標
而努力
自卑感
給予良性
刺激
現實
給予惡性
刺激
自卑情結
煎餅
變得更胖
從自我課
題中逃避
未來成為遠不
如理想，令人
遺憾的結果

自卑情結才是不健康的

05 先了解阿德勒心理學的整體概要

POINT ① 鼓舞勇氣就是賦予「克服困難的活力」。

POINT ② 實踐「鼓舞勇氣」，以擁有「共同體感覺」為目標。

▼鼓舞勇氣是阿德勒心理學的核心

第一章介紹了人生課題與人生風格等，在阿德勒心理學中必須解決的問題。你是否也藉此機會，好好重新檢視了自己的狀態呢？

不過，在這個過程中，你一定也看到了自己的課題。阿德勒心理學當然準備了解決課題的方法。那麼，接下來先讓我們來掌握阿德勒心理學的全貌吧。

首先，也是阿德勒心理學中最重要的思考之一，那就是「鼓舞勇氣」。關於鼓舞勇氣，第二章中會再詳細敘述。這裡說的勇氣，指的是「克服困難的活力」。換句話說，鼓舞勇氣就是賦予這種活力，既不是讚美也不是鼓勵。

爲了將「鼓舞勇氣」付諸實行，需要阿德勒心理學的五大理論。這個將在第三章中詳細敘述。

❶自我決定性

阿德勒心理學認爲，人類具有創造自己命運的力量，擁有決定自己今後行動的決定權。

❷目的論

人類做出的任何行動都有其目的。比起導致過去的原因，行動時，更重視的是未來的目標。

❸整體論

人類是一種內部沒有矛盾對立，獨一無二的存在。所有人都可視爲無法分割的「無可取代的存在」。

❹主觀認知論

因爲人類會用主觀看待事物，請經常懷疑自己的主觀，重新檢視對事物的看法。

❺人際關係論

人類的一切行動都有「對象」。

▼最終目標是「共同體感覺」

阿德勒心理學的最終目標是「共同體感覺」。關於這個，第五章會帶大家詳細學習，現在請先把共同體感覺想成與家人、朋友或同事之間的信任感及貢獻感，也可說是「與同伴的連結」或「類似羈絆的感覺」。

在阿德勒心理學中，擁有這種共同體感覺正是最理想的狀態，爲了達到這個狀態，就需要鼓舞勇氣。

換句話說，「鼓舞勇氣」和「共同體感覺」是一體相連的。只要能爲自己鼓舞勇氣，做到與他人建立共同體感覺，就能眞正理解並實踐阿德勒心理學。

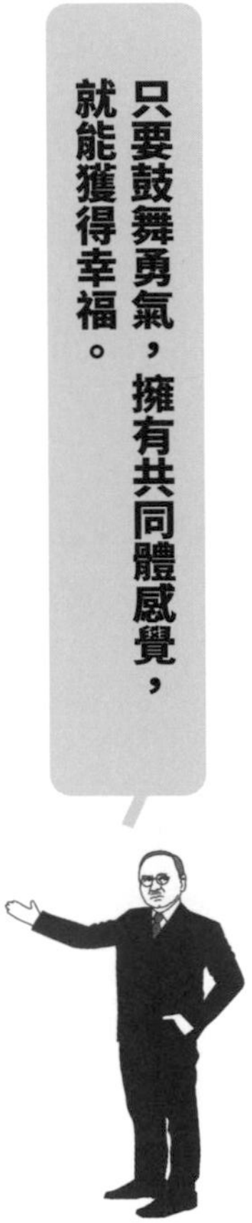

阿德勒心理學的全貌

共同體感覺

與家人、朋友及同事等他人之間的信任感、貢獻感、連結與羈絆的感覺。

自我決定性

人類具有創造命運的力量，能夠自己決定今後的行動。

目的論

不拘泥於過去發生的事，行動時放眼未來的目標。

整體論

人心並不矛盾，每個人都是無可取代的存在。

主觀認知論

每個人都用自己的主觀在看待事物。

人際關係論

人在做出任何行動時，都有一個對象。

鼓舞勇氣

賦予自己或他人克服困難的活力。

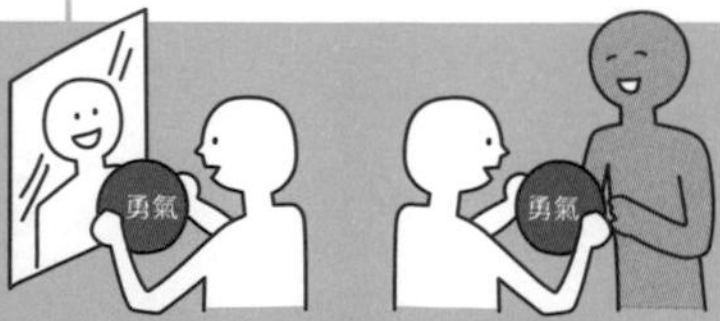

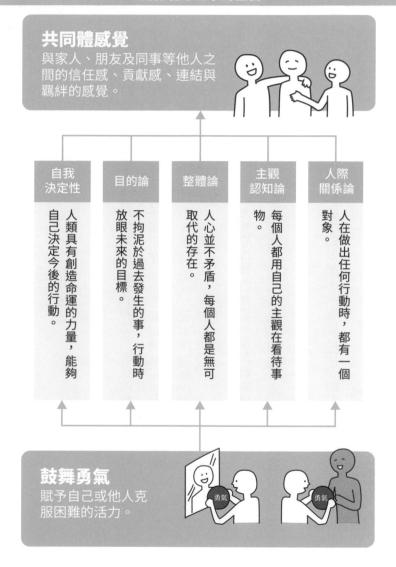

Column1

何謂現代阿德勒心理學？

在第一節曾提到「現代阿德勒心理學」，或許有人對「現代」一詞感到詫異。也可能有人會說「阿德勒說的話從以前傳承至今，現代和從前應該沒有太大不同吧！」

問題是，「阿德勒心理學」並不是只擷取阿德勒說的話。正確來說，**阿德勒心理學是以阿德勒的理論為依據，經過許多人進行種種研究，伴隨時代變化發展而出的一門學問。**

當然，阿德勒的思考構成了阿德勒心理學的基礎，這點毋庸置疑。

但是，在不同時代背景下，甚至連阿德勒本人說過的話，拿到現代的社會狀況下也有可能已經不合時宜。

正因為這是一門伴隨時代變化發展的學問，阿德勒心理學時時刻刻都在追求進化。

◆阿德勒幾乎沒寫過書

很多人問我「想讀阿德勒本人的言論，請告訴我阿德勒寫過哪些書。」但讓很多人感到意外的是，阿德勒幾乎沒有寫過書。雖然有演講內容留下來的紀錄，尤其到了晚年，阿德勒本人幾乎沒有用稿紙一張一張寫過什麼。

更早之前，他雖然親自執筆寫過《器官缺陷及心理補償的研究》（*Study of Organ Inferiority and Its Psychical Compensation*）及《個體心理學的實踐與理論》（*The Practice and Theory of Individual Psychology*）等書，然而，從德文翻譯為英文的過程中遇到種種翻譯的難題，令不少人在閱讀上遇到挫折。

即使如此，如果還是想讀一讀阿德勒本人的著作，建議可找《自卑與超越》（*What Life Should Mean To You*）。這本書在阿德勒著作中較平易好讀，有興趣的人或許可找來看看。

阿德勒心理學 習題①

問題 1 在阿德勒心理學中，認為煩惱就是什麼？

A 人際關係。

B 金錢關係。

問題 2 充實的人生風格是？

A 充實所有人生課題。

B 以自己的標準充實人生。

答案
問題 1：A（→16 頁）
問題 2：B（→20 頁）

問題 3 「希望成為某種模樣」的感覺叫什麼？

A 自我概念。

B 自我理想。

問題 4 在人生風格中，阿德勒最重視的家庭關係是？

A 兄弟姊妹中的出生順位。

B 親子關係。

答案

問題 3：B（→ 24 頁）

問題 4：A（→ 28 頁）

問題 5 如何面對自卑感？

A　努力拉近現實與理想的落差。

B　炫耀成就，逃避自身課題。

問題 6 阿德勒心理學的核心是什麼？

A　鼓舞勇氣與共同體感覺。

B　幹勁與努力。

答案
問題 5：A（→ 32 頁）
問題 6：A（→ 36 頁）

Chapter 2

邁向擁有勇氣的人生

只要有勇氣，就能愛自己，
也能成為對他人有愛的人。

從阿德勒心理學的核心「鼓舞勇氣」開始吧！

▼阿德勒心理學的起點就是勇氣

阿德勒心理學別名「鼓舞勇氣的心理學」，將勇氣視爲邁向幸福的第一步。在阿德勒心理學中，「勇氣」指的並非衝動行事、有勇無謀。一言以蔽之，勇氣就是「克服困難的活力」。

「勇氣」的英文 courage 的語源來自拉丁文 cor，也就是心臟的意思。心臟是掌管全身活力的臟器，換言之，勇氣是獲得活力不可或缺的東西。

事實上，阿德勒的學生魯道夫·德瑞克斯（Rudolf Dreikurs）就曾在著作《無淚的管教》（*Discipline Without Tears*，暫譯）中提到「我們在遇見人生課題時，需要足以面對課題的勇氣」。他也主張「若無法鼓舞勇氣就不能成長，也無法擁有歸屬感」。

如果你現在對活著這件事呈現消極態度，或是感到心理極度疲倦，就能說是處於「缺

阿德勒心理學中的「勇氣」與「自我接納」是什麼？

勇氣：克服困難的活力

↓ 賦予

生存的活力

→ 成長

→ 歸屬感

自我接納：肯定自己，為自己尋求後盾的能力與態度

↓ 自然而然地

獲得他人認同，他人對自己展現協助的態度

→ **人際關係變好**

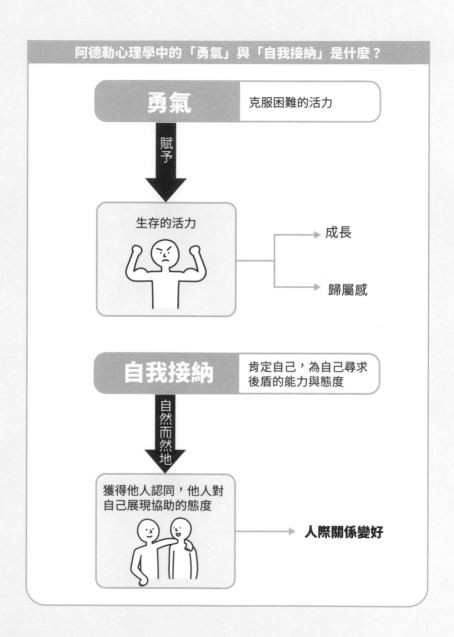

乏勇氣的狀態」。

▼勇氣也能改善人際關係

前面提到的德瑞克斯認爲，勇氣是「信賴自己的具體表現」，「只要堅定相信自己的能力，就會產生勇氣」。

換一個說法，「有勇氣的人就能自我接納」。所謂自我接納，指的是肯定自我的能力或態度，也可說是「自尊心」。不過，絕對不是傲慢或自戀。

不如這麼說吧，除了自己的強項和優點外，連弱點和缺點都能客觀接受，才是眞正的自我接納。有勇氣的人，會依據事實接納自己，除了自己之外，也能做到認同別人。這就是一種 I'm OK, You are OK（我和你都 OK）的態度。能夠自然而然建立起互相協助的關係，也更容易打造良好的人際關係，這就是有勇氣的人的特徵。

第二章將詳細說明「勇氣是什麼」。勇氣是獲得生存活力不可或缺的東西，一起來加深與勇氣相關的知識吧。

有勇氣的人與沒有的差異

有勇氣的人 （接納了自我的人）		沒有勇氣的人 （沒有接納自我的人）
可以	自己成為自己的後盾	很難
確信	自己的能力	覺得無力
不畏懼	冒險犯難	持消極態度
旺盛	自立心	欠缺，依賴心強
能客觀承認	自己的缺點或弱點	找藉口怪罪別人，強烈自責
得以掌控	自己的情緒	無法掌控
視為學習的機會	失敗與挫折	視為致命的錯誤
樂觀以對	未來	悲觀以對
認同	自己與他人的不同	害怕或不認同
互相協助	與他人的關係	競爭或逃避

01 事情不順利是因為勇氣受挫了

POINT ① 勇氣一受挫，就會做出不適當的行為。

POINT ② 重要的是緊要關頭的正面思考。

▼不適當的行為也有目的

爲了讓人們感受到幸福，就要達到「擁有共同體感覺」的目標。實際感覺到自己對共同體做出貢獻，讓自己與周遭的人產生強烈的牽絆。前面已經介紹過，若想擁有共同體感覺，首先必須培養「勇氣」。

那麼反過來說，當勇氣受挫會產生什麼狀況呢？答案是，會對共同體做出與貢獻正相反的行爲。換句話說，勇氣受挫時，人們會做出破壞共同體，不具建設性的行爲。

人本來就會在某種狀況下，對特定人物抱持某種目的產生行爲。依狀況或對象的不同採取某種行動，或刻意不採取某種行動。

舉例來說，某少年因爲和老師在情緒上有所衝突，在學校裡總是做出問題行爲。不把校規放在眼裡、亂開老師玩笑，嚴重時甚至做出近乎暴力的舉動，妨礙同學上課。到最後，少年終於厭倦學校，開始拒絕上學。

然而，他在家裡卻沒有太大問題，跟家人相處也很坦率。只有在學校且面對特定老師時，才會出現問題行爲。這就是依狀況或對象而發生的「不適當行爲」。出現這種行爲的原因，就是勇氣受挫了。

▼勇氣受挫的人有什麼特徵？

自己的勇氣受挫，或是折損他人勇氣的人，有什麼樣的特徵呢？

❶拿恐懼當作行為動機

但是，人類和動物不同，給予懲罰或使其產生恐懼時，不但會招來叛逆與反抗，也無法因此學會適當的行爲。

❷悲觀的負面思考

人一旦悲觀，就會表現出「做什麼都不順利」的態度。雖然沒必要時時維持正能量，遇到關鍵時刻時，還是必須秉持正面思考。

❸執著原因

對於「因某某原因而失敗」的過去過度悲觀，無法前進。

❹不擅長傾聽

在別人找自己商量或傾訴煩惱時，依然開口閉口都是自己的事，讓對方失去勇氣。

❺雞蛋裡挑骨頭

只會挑毛病或只看不好的原因，老是保持這種態度，勇氣也會受挫。

❻愛嘲諷

嘲諷的態度不但會折損自己的幹勁與勇氣，也會奪走別人的幹勁與勇氣。

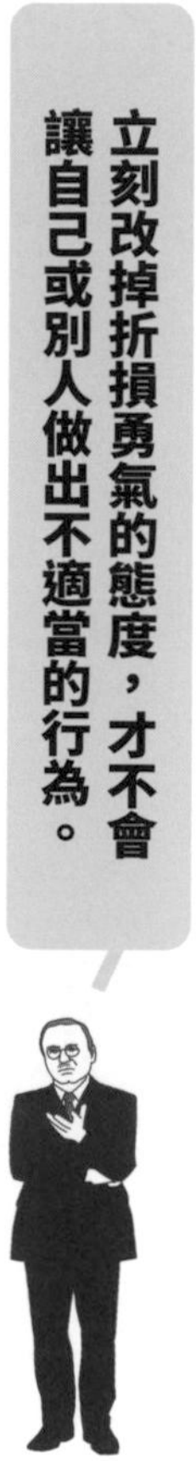
立刻改掉折損勇氣的態度，才不會讓自己或別人做出不適當的行為。

折損勇氣的人有什麼特徵

拿恐懼當作行為動機

考不到一百分就
不准吃零食！

秉持悲觀的負面思考

反正未來也
不會發生什
麼好事……
炒魷魚
查封
查封
查封
呀啊—

執著原因

啊！
都是因為那時觸擊
失敗，現在才會過
得這麼悲慘……

不擅長傾聽

我……
我的……
我上次……
我……
我就……
我啊……

雞蛋裡挑骨頭

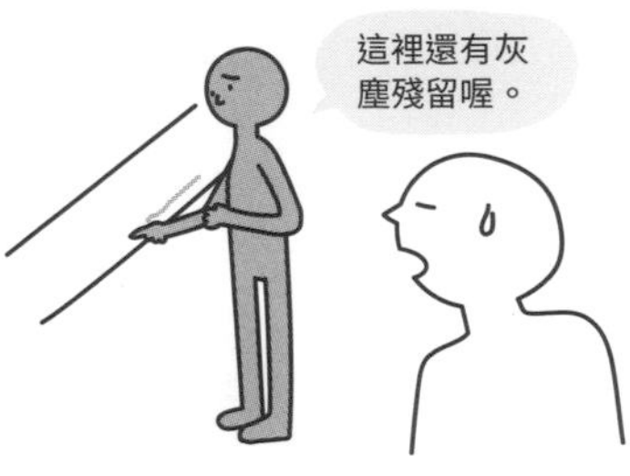
這裡還有灰
塵殘留喔。

愛嘲諷

原來連你這個天才
也會犯這種不值一
提的錯啊～

02 不適當的行為有四個目的

POINT ① 勇氣一旦受挫，就會做出不適當的行為。

POINT ② 不適當的行為有四個目的。

▼何謂不適當的行為

人的勇氣一旦受挫，就會做出不適當的行爲。那麼說起來，到底不適當的行爲是什麼呢？

在阿德勒心理學中，不適當行爲的最大定義就是「破壞共同體、不具建設性的行爲」。舉例來說，故意做出讓自己隸屬的班級、職場或家庭困擾的行爲，就是不適當的行爲。

▼不適當行為的四個目的是什麼

阿德勒的學生德瑞克斯認爲，不適當的行爲可分爲四個階段，在兒童身上尤其明顯，當然也可以套用在大人身上。愈到後面的階段，要修復就愈困難。

❶尋求關注

第一階段的目的，是用不適當的行爲尋求對自己的關注。例如在課堂上吵鬧的學生、吸吮指頭的小孩等，這些行爲都是爲了吸引平常不關注自己的老師或父母。因此，重要的不是關注不適當的行爲，而是平時就要在這個人做出適當行爲時給予關注。

❷權力鬥爭

這個階段的目的是想自己當老大，不想被對方控制。因此，會用妨礙對方話語或是爭執、爭吵的方式突顯自己的力量。這時勇氣雖然已經受挫，但還處於有力狀態。重要的是不要爬到對方頭上，最好以橫向、對等的關係接觸對方。

❸報復

抱著自己遭到攻擊就要反擊的心情，試圖傷害別人的行爲。這時，很可能產生「沒有人喜歡自己」的心情，陷入「只有傷害別人才能感覺到自己存在」的狀態。我們如果對試圖報復的人承認「你傷到我了」，他就會知道報復有效。因此，這種時候，請不要告訴對方「我受傷了」，如此才能避免報復行爲，修復彼此關係。

❹無力

表現出「誰都不要管我」、「我什麼都做不到」的態度，陷入無力之中。最後很可能發展成把自己關在房間的繭居狀態。到了這個地步，將很難只靠當事人彼此的力量修復關係，必須找諮商師等專家商量對策。

如上所述，不適當行爲的目的可分爲四個階段。發現自己的家人或朋友陷入以上狀態時，愈早採取對策，情況愈容易修復。

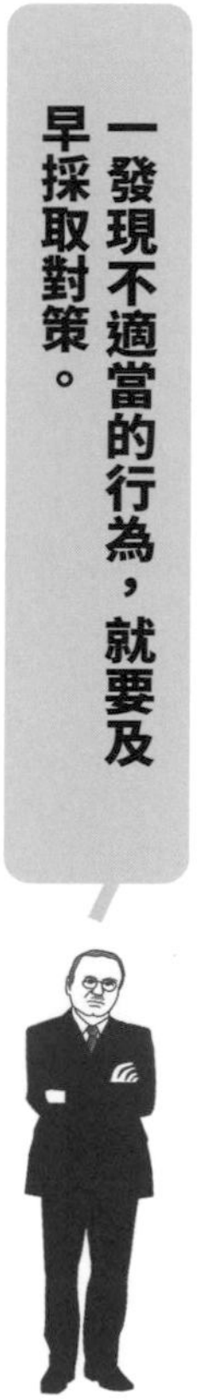

典型的不適當行為與對策

目的	典型的行為	對策
尋求關注	吵鬧 	關注對方的優點 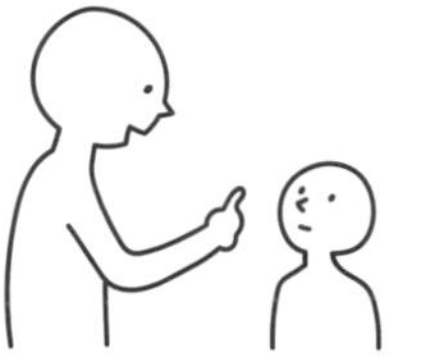
權利鬥爭	想當老大 	不要跟對方爭辯 
報復	還手、反擊 	避免報復行為 
無力	動不動就放棄 	尋求專家協助 

勇氣與蠻勇的不同

03 不必勉強挑戰，不做不講理的事

POINT ① 不知瞻前顧後，衝動粗暴，大膽行事就是蠻勇。

POINT ② 剛愎自用、固執己見其實是勇氣受挫的狀態。

▼粗暴的行為不是勇氣

我要一再強調，阿德勒心理學中的「勇氣」，指的是「克服困難的活力」。

日常生活中，看到勉強自己挑戰或不顧一切衝動行事的人，我們往往會用「有勇氣」來形容。

然而，在此必須先請各位理解，這種勇氣和阿德勒心理學中的勇氣性質完全不同。

舉例來說，手頭只有十萬卻全部拿去賭馬，或許有人會說這樣的人「眞有勇氣」。

但是，這裡的勇氣，並非阿德勒心理學中的「勇氣」。

把所有錢拿去賭博是一種魯莽衝動的行爲，不能說有「勇氣」，只能說是「蠻勇」。所謂蠻勇，指的是不去思考是非對錯，不顧一切魯莽行事。和阿德勒心理學中的「勇氣」完全是兩回事。

再舉幾個例子，比方說，在沒有經過安全確認的地方玩高空彈跳，或是不分青紅皂白找人吵架，這類行爲都稱得上是「蠻勇」。到了這種地步，和阿德勒心理學中的「勇氣」甚至可以說是完全相反的行爲了。

像是後面圖說舉的散財賭博例子，原因就出在自己明明收入不多，卻不願意正視這個困難。

換句話說，因爲無法克服困難，結果做出了不適當的行爲。既然「勇氣」是克服困難的活力，做出這種行爲，當然就與勇氣背道而馳了。

不用擔心「自己會不會失去膽識，變成不敢勉強自己挑戰的人」、「再也無法衝動行事」，因爲阿德勒心理學不需要這類勇氣。

▼剛愎自用的狀態與充滿勇氣的狀態

蠻勇其實是勇氣受挫的狀態。因爲拿不出足以克服困難的活力，所以做出不適當的行爲。

另外一種狀況是，不只對共同體沒有貢獻，反而做出破壞共同體的行爲，這種行爲也可說是「剛愎自用，只會以自我爲中心思考事物」的狀態。

蠻勇無法讓我們產生共同體感覺。這是一種自以爲是的行爲。

相反地，只要內心充滿勇氣，就不會陷入剛愎自用的狀態。因爲我們很清楚一個人無法獨自活下去，自然會想對共同體做出貢獻。「勇氣」與「共同體」的關係密不可分，息息相關。

阿德勒心理學中的「勇氣」，不會要求我們勉強自己挑戰做不到的事，也不需要衝動行事。

勇氣與蠻勇的差異

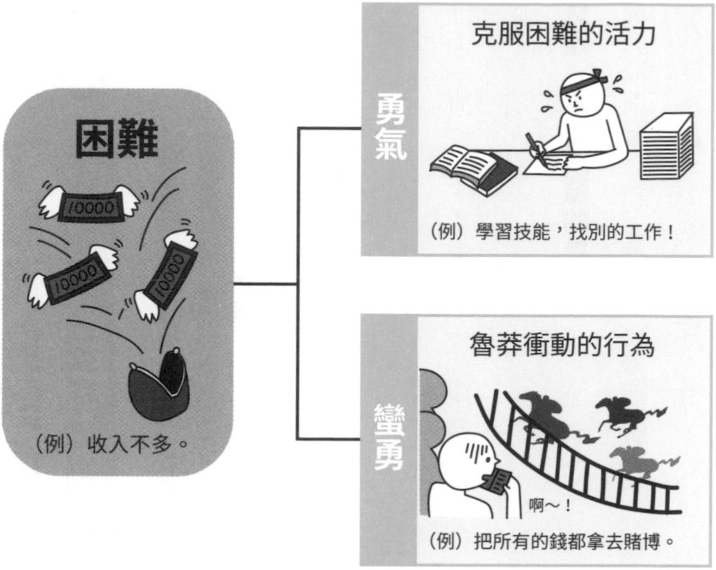
困難
(例) 收入不多。
勇氣
克服困難的活力
(例) 學習技能，找別的工作！
蠻勇
魯莽衝動的行為
啊～！
(例) 把所有的錢都拿去賭博。

蠻勇的案例

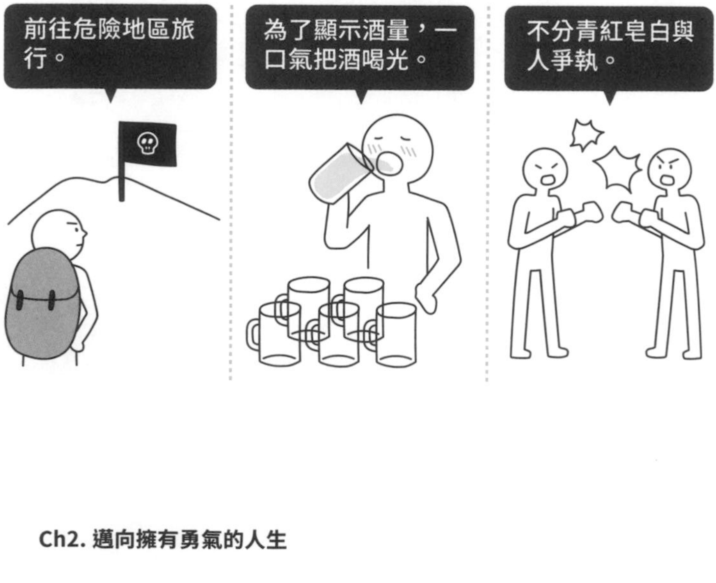
前往危險地區旅行。
為了顯示酒量，一口氣把酒喝光。
不分青紅皂白與人爭執。

何謂勇氣

04 了解勇氣的內涵，就能更接近阿德勒的思考

POINT ① 無法承受風險，就無法面對困難。

POINT ② 養成早晚鼓舞自己的「黑白棋式」習慣。

▼滿足以下三要素的才是勇氣

前面一直提到，勇氣是「克服困難的活力」，以下將針對勇氣做更詳細的定義，主要爲以下三項：

❶勇氣是「承受風險的能力」

這裡的「風險」和「危險」的意思有點不一樣。挑戰有可能帶來正面結果，也有可能帶來負面結果。不確定的程度愈高，代表風險就愈高。

比方說，就算爲了逃避霸凌而轉學，轉到下一個學校還是有可能遭到霸凌。又或者，

挑戰新事業的時候，也不保證一定不會失敗。

無論是對惡劣狀況的對策，還是以成長爲目標的行動，都有可能伴隨負面結果。

但是，只要有勇氣，就能認同「無論結果成功或失敗都將有所成長」。面對風險時，能夠毫不猶豫，勇於挑戰。

❷勇氣是「克服困難的活力」

把困難視爲「只要肯面對就能克服的課題」，努力去克服。

❸勇氣是「互助能力的一部分」

剛愎自用，固執己見，爲了與他人競爭才行動……這些都稱不上勇氣。和其他人互助合作，朝同一個目標或目的一起做出貢獻，這才是最重要的事。

▼用「下黑白棋的方式」鼓舞勇氣

深入理解何謂勇氣之後，相信大家更能深刻體會勇氣的重要。話雖如此，一年三百六十五天，一天二十四小時都鼓足滿滿勇氣，並不是一件容易的事。

有時工作上會出現失誤，也會遇到被別人說了難聽話的日子，甚至發生跌倒受傷之類的倒楣事。只要一點小事，任何人都有可能喪失面對困難時的勇氣。

這時，我想建議大家養成「黑白棋式」的鼓舞勇氣習慣。下黑白棋的時候，只要取得兩端，就能把中間的棋子全部翻成我方的顏色。同樣的原理，就算白天發生不順心的事，只要早上和晚上分別爲自己鼓舞勇氣，就能把白天變壞的心情翻過來，變成完全相反的顏色。

方法很簡單。早上發出聲音告訴自己「今天也會是個好日子，心情愉悅，神清氣爽」，晚上也發出聲音慰勞自己「你今天也好好努力了」——只要這麼做就夠了。將滿足感與感謝的心情表達出來，就能將自己內心黑色的心情翻轉爲白色。請各位務必嘗試看看。

先知道勇氣的意義，再用黑白棋方式鼓舞勇氣，就能過著充滿勇氣的生活。

勇氣三要素

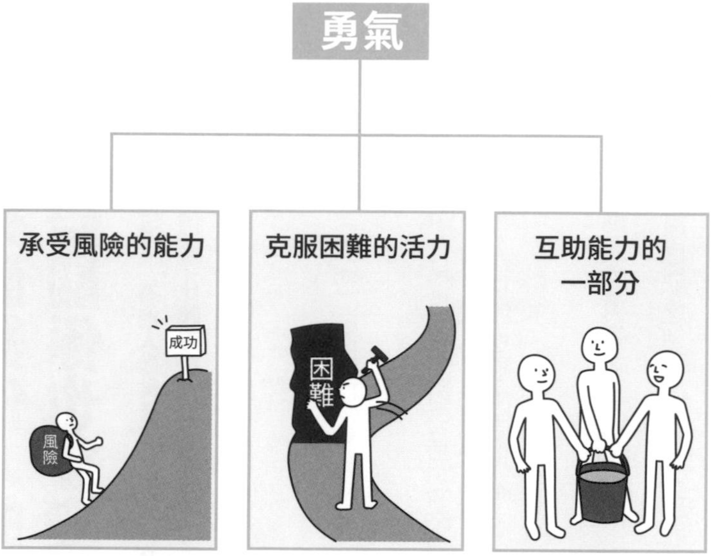
勇氣
承受風險的能力
成功
風險
克服困難的活力
困難
互助能力的
一部分

開始用黑白棋方式鼓舞勇氣吧！

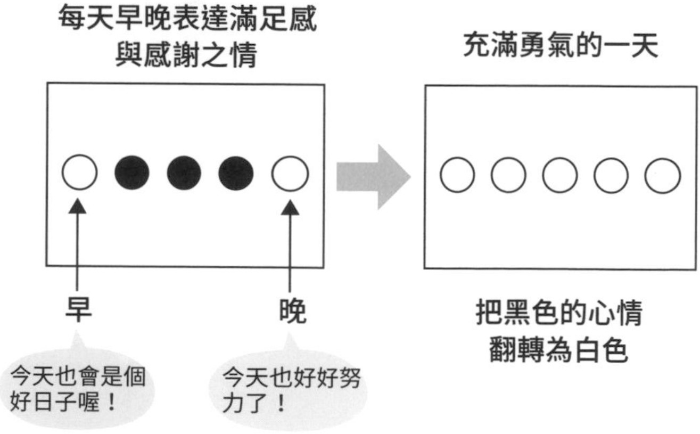
每天早晚表達滿足感
與感謝之情
充滿勇氣的一天
早
晚
今天也會是個
好日子喔！
今天也好好努
力了！
把黑色的心情
翻轉為白色

鼓舞勇氣的前提條件

05 能夠鼓舞他人的勇氣，人際關係也會變好

POINT ① 為他人鼓舞勇氣，對彼此都有好處。

POINT ② 比起言語，尊重對方的心意與態度更重要。

▼恐懼會令人出現攻擊性

即使自己有勇氣，有時也會因對方說的話或表現出的態度而使勇氣受挫。就像使用空氣清淨機的同時，有人在旁邊噴灑處理不完全的毒氣，勇氣就和乾淨的空氣一樣，一轉眼又折損了。

爲什麼要去折損別人的勇氣呢？

這是因爲那個人自己缺乏勇氣。一旦自己缺乏勇氣，就會對別人懷有恐懼，進而出現攻擊性的態度。

爲了保護自己的勇氣，不受別人攻擊而折損，我們也必須爲別人鼓舞勇氣。

只要補足自己的勇氣，就能爲他人鼓舞勇氣。

爲他人鼓舞勇氣的人增加了，共同體內的人際關係就會變好，愈來愈接近人人都願意付出貢獻的理想共同體。

換句話說，爲他人鼓舞勇氣，不但是爲對方好，也是爲自己好。

▼比起用言語，肢體語言更重要

那麼，具體來說，該怎麼做才能爲他人鼓舞勇氣呢？畢竟是人與人之間的事，鼓舞勇氣也要透過溝通來進行。

一聽到我這麼說明，偶爾會有人來問「該說什麼話才能爲對方鼓舞勇氣」。然而，這樣的想法是鼓舞不了勇氣的。

世界上沒有所謂「鼓舞勇氣語錄」這種東西，面對他人時，「展現什麼態度」才是最重要的事。

舉例來說，二〇一六年過世的知名導演蜷川幸雄先生，在指導演員演技時經常破口大罵對方：「你這個笨蛋！」甚至朝對方丟菸灰缸，這些軼事連一般觀眾都耳熟能詳。但是，大部分和蜷川先生工作過的演員，都異口同聲說他是自己的「大恩人」，「對他非常感謝」。這是因爲蜷川先生「認同對方才能，想將對方栽培爲一流演員」的心意，確實傳達到演員們的心中了。

同樣一番話，不同的前後脈絡或說話時的表情不同，都會賦予說出口的話不同意義。比方說「你這傢伙……」有時聽起來是在牽制對方，試圖折損對方的勇氣，另一種情況下也可能在背後推對方一把，甚至聽起來像是稱讚。

換言之，重要的不是說出哪些言語詞彙，而是互相尊敬的心意。比起語言，態度和肢體語言更能傳達內心真正的心意。鼓舞勇氣的基礎是互相信賴的關係，請好好重視這樣的關係。

鼓舞勇氣時，比起言語，更重要的是尊敬、信賴對方的心意。

勇氣一旦受挫，人際關係也會惡化

你這個
笨蛋！
攻擊
原來我是笨
蛋啊……

自身勇氣受挫的人，會表現出攻擊性的態度。

導致對方勇氣受挫。

↓

人際關係惡化

鼓舞勇氣的基礎在於信賴關係

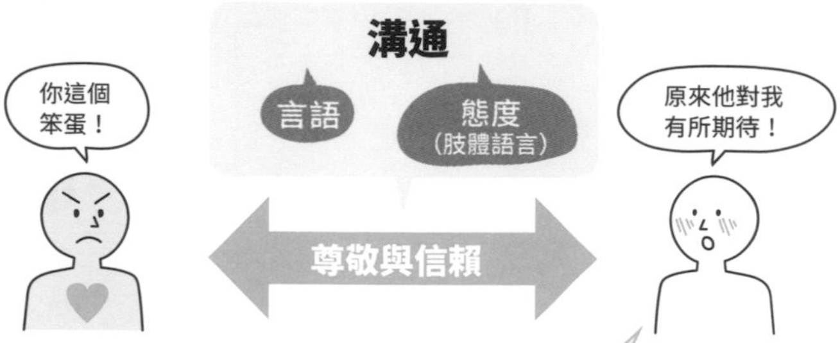
溝通
言語
態度
（肢體語言）
你這個
笨蛋！
原來他對我
有所期待！
尊敬與信賴

想對共同體做出貢獻！

↓

接近理想中的共同體

↓

讓人際關係更好！

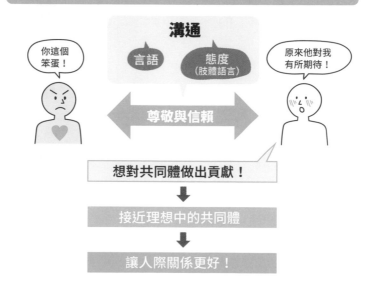

稱讚與鼓舞勇氣的不同

06 「稱讚」是上對下，「鼓舞勇氣」是同理心

POINT① 比起「稱讚」，阿德勒更重視「鼓舞勇氣」。

POINT② 鼓舞勇氣的目的，是培育自己鼓舞勇氣的力量。

▼鼓舞勇氣真正的目的

在鼓舞勇氣的實踐過程中，最容易引起混亂的，就是與「稱讚」的混淆。阿德勒心理學認爲「稱讚」與「鼓舞勇氣」不同。這是因爲，「稱讚」有時只會收到反效果。

「稱讚」之所以造成反效果，有時源自稱讚的人表現出「上對下」的態度，有時則是會造成對方「沒獲得稱讚就不行動」的後果。

相較起來，「鼓舞勇氣」能賦予對方「克服困難的活力」。目的是以相互尊敬及信賴爲基礎，爲自己和對方培育鼓舞勇氣的力量。因此，對方得以擁有積極主動的活力，

成爲自立自強的人。由此可知，「稱讚」換來的只是暫時的效果，「鼓舞勇氣」的效果才能持續下去。

▼「鼓舞勇氣」與「稱讚」的六個不同之處

那麼，「鼓舞勇氣」和「稱讚」有哪些不同呢？

❶狀況不同

「稱讚」對方，是在對方達成自己期待的時候做出的行爲。也就是說，稱讚是有條件的褒獎。反過來說，當對方沒有回應自己的期待時，不但不會稱讚，更有可能表現出失望的態度，造成對方勇氣受挫。相較起來，「鼓舞勇氣」即使在對方失敗或沒有達成自己期待時還是可以進行。

❷關注目標不同

只有在對方做出符合自己期待時才會給予「稱讚」，相較之下，「鼓舞勇氣」時也會提到對方關注及重視的事。

❸態度不同

「稱讚」是上對下的行爲，「鼓舞勇氣」是同理對方的行爲。

❹對象不同

「稱讚」的對象是「做出值得稱讚行爲的人」，「鼓舞勇氣」的對象則是「行爲本身」。

❺波及效果的不同

在與別人比較之後給予的「稱讚」，會讓對方過於重視與別人的無謂競爭。相較之下，「鼓舞勇氣」則只著眼於對方自身的成長。

❻持續性的不同

「稱讚」帶來的是當下的滿足感，效果難以持續。「鼓舞勇氣」會成爲對方追求進步的動力，好處是會一直持續下去。

「鼓舞勇氣」的效果可持續長久，促使對方自立自強。

「稱讚」與「鼓舞勇氣」的差異

	稱讚	鼓舞勇氣
狀況	對方達成自己期待時（有條件）。 「達成本月的業績目標了，不錯啊！」	任何狀況（無條件）。 「企劃沒過，很沮喪的樣子，但創意不錯啊！」
關注目標	稱讚者關注的事。 「做得好，稱讚你一下吧！」	接受鼓舞者關注的事。 「看到你為客人奔走的樣子，太感動了。」
態度	上對下「賞賜」的態度。 「下次評分就給 A 好了。」	同理對方的心情，與對方有所共鳴的態度。 「〇〇先生認真的配合，我真的很開心。」
對象	稱讚的對象是「人」。 「和 A 比起來，B 你做得更好！」	鼓舞勇氣的對象是「行為」。 「應對的速度很快，這就是你最用心的地方。」
波及效果	注意力放在與別人的競爭上。 在意周遭的評價。 「這樣就能贏業務 1 部了！」	注意力放在自我成長與進步上。產生自立心與責任感。 「你跑業務時的口才愈來愈好了呢，這麼一來業績一定也會提高！」
持續性	只能刺激當下的滿足感。 效果只是短暫的。 「你這次很努力了。」	刺激更上一層樓的欲望。 持續性強。 「保持這個狀態，你今後一定能接下更重要的工作。」

Column2

在阿德勒心理學中，比實驗數據更重要的東西是什麼？

心理學研究方式的主流是做實驗，從實驗結果進行各式各樣的考察。像是「有百分之幾的人會採取什麼樣的行動」，或是進行動物實驗取得結果數據。根據實驗數據進行考察，對現代心理學研究來說，是理所當然的手法。

但是，在阿德勒的時代，研究論文根據的多半不是實驗結果。現代雖然也有運用實驗數據進行研究的阿德勒心理學研究者，但在阿德勒生活的那個年代，心理學研究並不使用實驗數據。

因為，要做出「擁有共同體感覺的人佔幾成」之類的數據是很不容易的事。

那麼，阿德勒的研究是以什麼為基礎呢？阿德勒心理學研究的，是心理諮商後個案的行動變化。對個案進行了哪些諮商，個案在諮商後行動上出現哪些轉變，這些都做成紀錄，也流傳了下來。

◆阿德勒心理學是哲學式思考的心理學

阿德勒心理學最重視的，是「對人們而言什麼是幸福」、「活著最重要的是什麼」。因此，阿德勒心理學研究的是如何建立良好人際關係，以及改變了什麼會無法建立良好人際關係……換句話說，是態度與行為上的變化。就這層意義來看，阿德勒心理學可以說是伴隨價值觀的哲學式心理學。

不過，心理學終究還是心理學，不能和哲學放在同一條線上討論。但是，我們或許可以將阿德勒心理學視為「偏哲學的心理學」。

阿德勒心理學 習題②

問題 1 阿德勒心理學中的勇氣指的是什麼？

A **克服困難的活力。**

B **賭命戰鬥的心情。**

問題 2 以下何者是勇氣受挫的狀態？

A **出於恐懼而給予教訓。**

B **表達感謝之情。**

答案
問題 1：A（→46 頁）
問題 2：A（→50 頁）

問題 3 以下何者是有勇氣的行動？

A 一口氣把酒喝光。

B 拒絕一口氣把酒喝光。

問題 4 以下何者是充滿勇氣的一天？

A 每天早上和晚上分別表達感謝。

B 每天一定吃早餐。

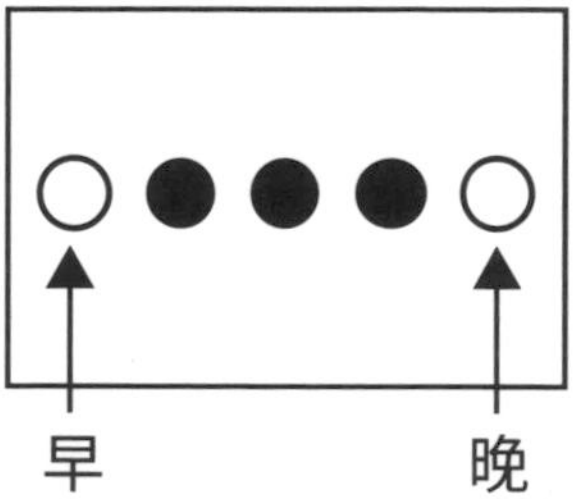

答案
問題 3：B（→ 58 頁）
問題 4：A（→ 62 頁）

問題 5 鼓舞勇氣時最重要的是什麼？

A 注意遣詞用字。

B 與對方的信賴關係。

問題 6 什麼是同理對方的行為？

A 稱讚。

B 鼓舞勇氣。

答案
問題 5：B（→66 頁）
問題 6：B（→70 頁）

Chapter 3

了解阿德勒心理學的五大支柱，實踐鼓舞勇氣的方法

改變思考方式，
就能改變看世界的方式。

來學習阿德勒心理學的五大支柱吧！

▼使人生過得更快樂的五大理論

第二章已經說明，阿德勒心理學中重要的是「鼓舞勇氣」。過著快樂人生的人，都擅長爲自己和周遭鼓舞勇氣。

看到從艱困中成功翻身的人，或總是活得閃亮耀眼的人時，你是否也曾疑惑地想「爲什麼他們辦得到」。

第三章將介紹阿德勒心理學提倡的五大理論。只要深入理解並實行這五大理論，相信你也能過上更快樂的人生。

❶自我決定性；

❷目的論；

❸整體論；

阿德勒心理學的五大理論

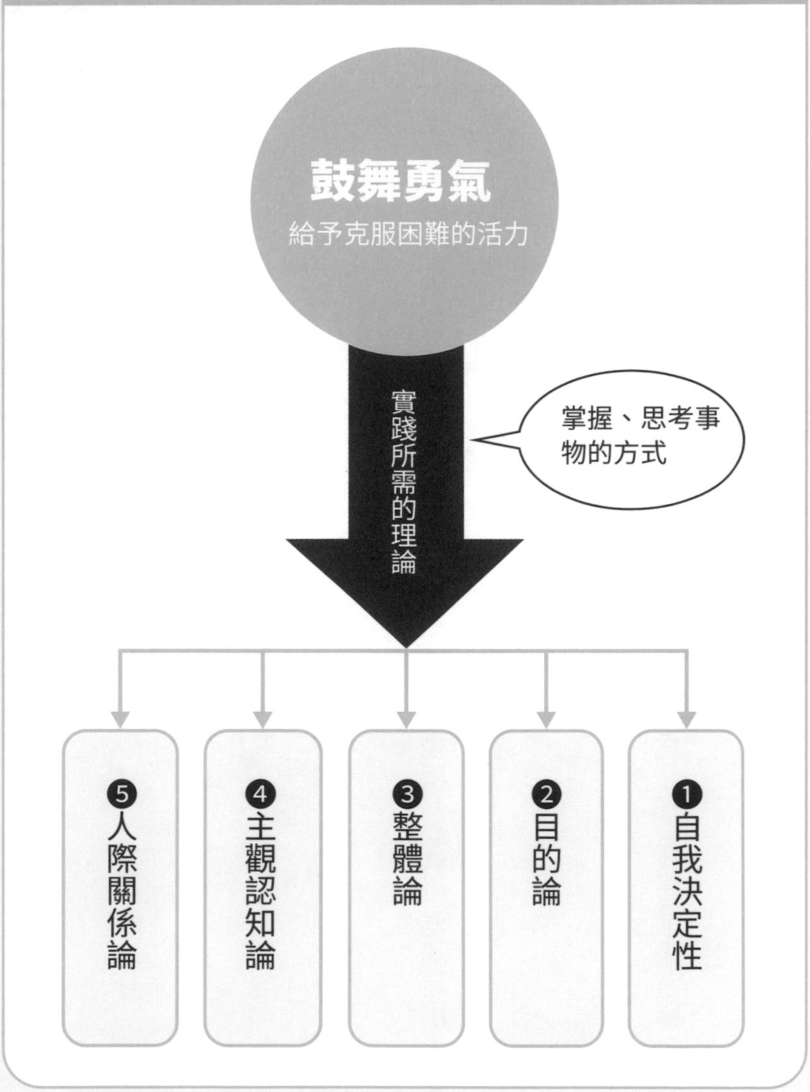

❹主觀認知論；
❺人際關係論。

▼思考方式改變，看事物的方式也會改變

阿德勒心理學的五大理論，也可以說是思考及解釋事物的方式。

舉例來說，工作上出現了損失、考試不及格，這些都是客觀的事實。可是，要用積極的態度看待，還是用消極的態度看待，就端看自己如何決定了。

我們對事物的解釋及思考方式，就像戴上一副眼鏡。若是鏡片起霧，無論看出去的是什麼樣的世界，都會是一片霧濛濛。可是，只要把鏡片擦亮——換句話說，把自己的思考調整得更有建設性，看出去的世界就會比原本更美好。

雖然無法改變他人或環境，但我們可以改變自己看待事物的方式。

這個理論，能夠應用在日常生活中的各種場景與狀況。爲了在日常生活中實踐「鼓舞勇氣」，一起來學習如何靠自己改變不適當的思考方式吧。

改變思考方式，就能改變看世界的方式

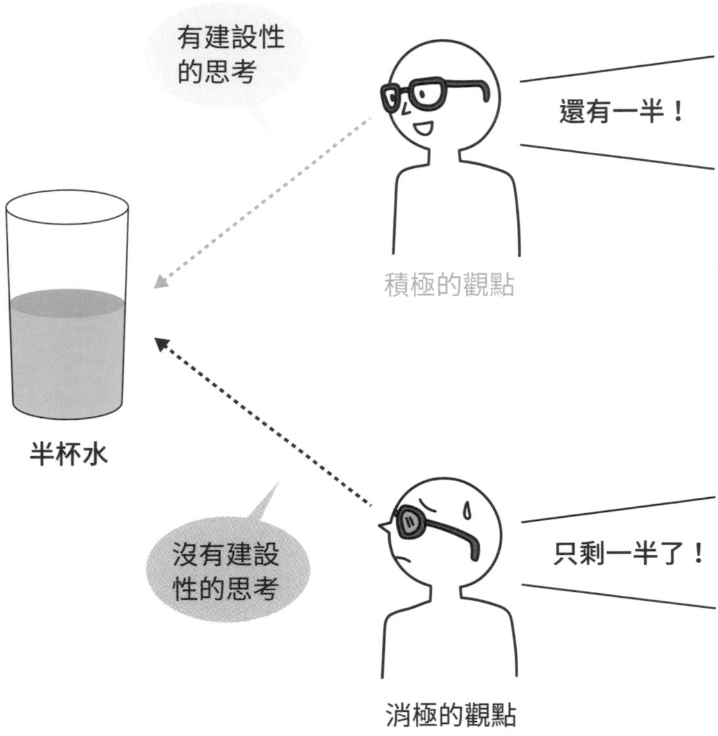
有建設性
的思考
還有一半！
積極的觀點
半杯水
沒有建設
性的思考
只剩一半了！
消極的觀點

如果現在眼前的世界看起來消極，
就換一副眼鏡（＝思考方式）吧！

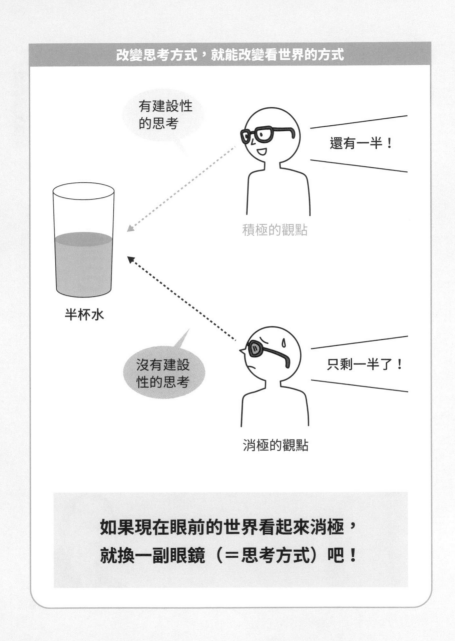

自我決定性

01 決定人生命運的主角 就是你自己

POINT① 所有決定都由自己來做。

POINT② 未來可以靠自己親手改變。

▼不要成為命運的犧牲者，要做命運的主角

「因爲父母貧窮，害我無法受完善教育。」

「就讀的高中升學率不高，學歷不好，害我很難換工作。」

經常有人會像這樣找藉口推託。可是，阿德勒心理學對這些藉口，抱持的是完全否定的看法。因爲，阿德勒認爲自己的人生可以由自己決定。

天生身體孱弱或兒時受到虐待的人，他們出生成長的環境確實落於人後。阿德勒也承認，環境或身體障礙有可能對性格造成影響。

然而，那充其量只是「影響」。或許有人會說，現在眼前不好的「結果」，其「原因」出在過去發生的事。其實不是這樣的。決定事情朝壞的方向發展的原因，在於「非建設性的思考方式」。

阿德勒心理學認爲，當人們用不具建設性的方式看待或思考事物，自然就會導向「壞的結果」。

無論身處何種狀況，你都不要當「命運的犧牲者」，而是要做自己「命運的主角」。不管發生什麼事，重要的是自己怎麼解釋、思考這件事。決定權掌握在自己手中，這就是「自我決定性」。

▼未來可以親手改變

「自我決定性」是一種認爲「人生責任交由自己肩負」的思考。就這點來說，或許會有人認爲阿德勒心理學是嚴厲的心理學。

可是，阿德勒的意思並不是要身處不如意狀況的人責備自己。所謂「可以靠自己決定」，指的是「可以親手改變自己的未來」。

必須先接受「現在自己的狀況是自己造成的」，才會進一步察覺「今後的人生也可以靠自己創造」。

面對困難時如何看待，端看自己想怎麼做。重要的是，把眼前的困難解釋爲考驗實力的機會，判斷自己的思考（對自己或對他人）「是否具有建設性」。

這麼一來，遇到挫折就不會找藉口，也不會把責任推到環境或別人身上，能對自己做出的判斷負起責任。

阿德勒在其著作《自卑與超越》中曾說，「人生充滿無止盡的挑戰，這對我們而言是一件幸運的事」。自己是否能過幸福的人生，由我們自己決定。

一切都由自己決定

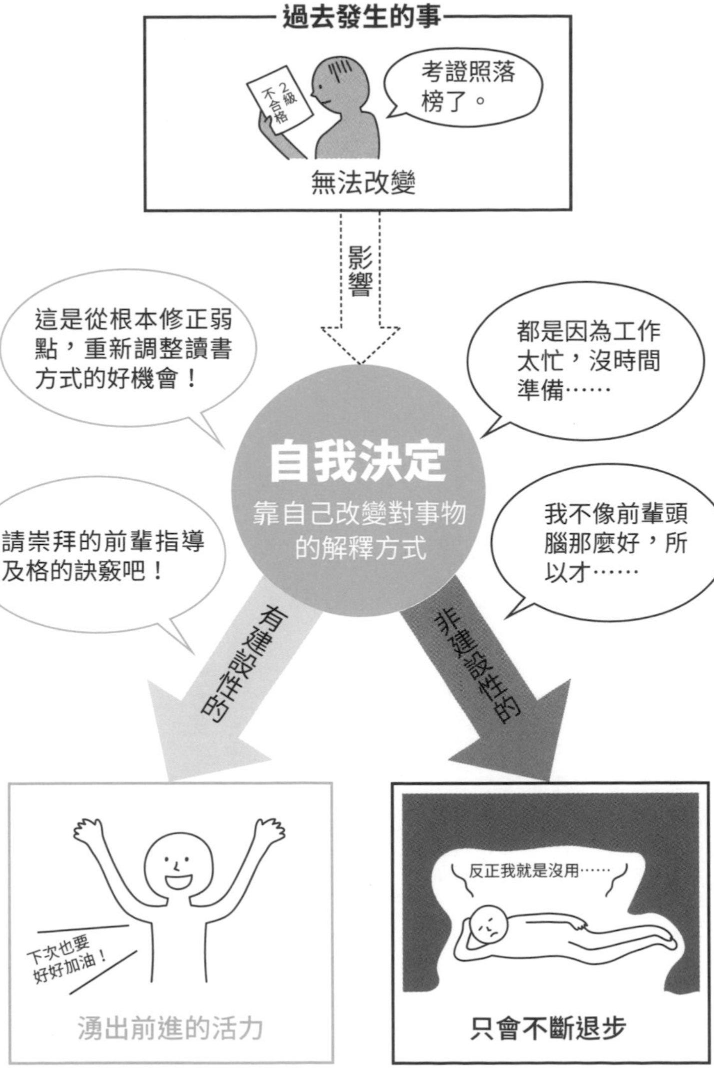
過去發生的事
2級
不合格
考證照落榜了。
無法改變
影響
這是從根本修正弱點，重新調整讀書方式的好機會！
都是因為工作太忙，沒時間準備……
自我決定
靠自己改變對事物的解釋方式
請崇拜的前輩指導及格的訣竅吧！
我不像前輩頭腦那麼好，所以才……
有建設性的
非建設性的
下次也要好好加油！
湧出前進的活力
反正我就是沒用……
只會不斷退步

目的論

02 你可以改變未來

POINT ① 原因論解決不了任何事。

POINT ② 過去不能改變，但可以改變解釋事物的方式。

▼原因論無法解決現狀

與阿德勒並列三大心理學家之一的西格蒙德·佛洛伊德提倡「原因論」，認爲人類所有行爲必定有其原因。

「之所以虐待別人，是因爲自己過去受過虐待」、「繭居的原因是被霸凌」，這類思考模式，秉持的就是原因論。

這雖然是非常合理的論點，阿德勒卻否定這種「原因論」，提倡「目的論」。因爲他認爲過去發生的事無法改變，「原因論」只不過是對問題的「解說」，卻無法「解決」

問題。

換言之，佛洛伊德想做的是透過「原因論」解說人們爲什麼做出某種行爲，阿德勒卻是想用「目的論」的手法來解決問題。

▼放眼未來，達成目的

阿德勒的目的論，簡單來說就是「人類所有行爲都有其目的」。當人類對眼前狀況產生相對負面的感受時，自然就會爲了使狀況朝正面發展而做出努力。換句話說，「目的論」的思考是「放眼未來」的思考。

這裡說的「使狀況朝正面發展」，對當事人而言未必會是明確的「目標」。只是，比起「想過更豐富的人生」或「想變得更幸福」等理想，現狀往往比較趨於負面。

「爲了拉近理想與現狀的落差，人們會找尋方法並採取行動」，這就是阿德勒的「目的論」。因此，「目的論」也和第一章提及的「自卑感」有很大關聯。

自卑感之所以產生，正因感到自己的現狀和理想之間有落差。但是不能因爲理想與現實差距太遠，就怨天尤人地說「反正我就是沒用」，而是要以「必須更加努力」、「還有進步空間」的心態接受現實與理想的差距。

放眼未來，一定能看到還有許多自己可以做的事。

這麼一想，眼前就會展開光明。

與其抓緊原因論，思考「爲什麼事情會變成這樣」，不如換成思考「該怎麼做才能更接近理想」。這就是目的論提倡的方式。

只要實踐目的論，「都怪○○不好」、「都是○○的錯」等咎責的念頭自然會消失。

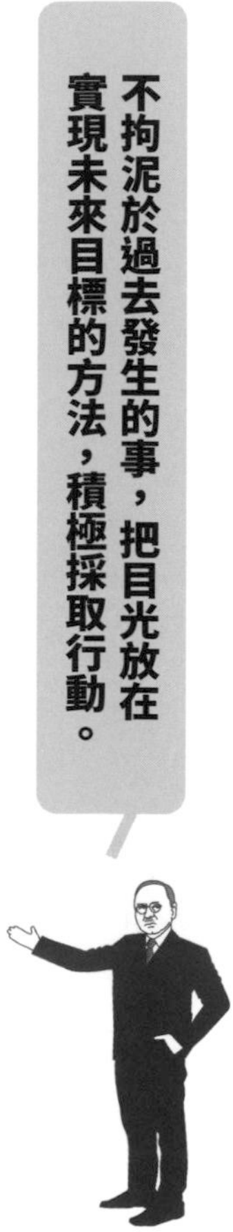
不拘泥於過去發生的事，把目光放在實現未來目標的方法，積極採取行動。

「目的論」與「原因論」的不同

被霸凌了

討厭你！
討厭你！
討厭你！

目的論（著眼於目的及方法）		原因論（著眼於原因及結果）
我要當上老師，讓校園不再出現霸凌！		因為遇上霸凌，害我誰都不想見！
放眼未來的思考 用未來的目標制定現狀	思考方向	**放眼過去的思考** 過去的原因支配、影響了現在
具有個人主體性 尊重個人意志	意志	**個人主體性薄弱或甚至沒有** 不尊重個人意志
當事人認知 將自己視為具有創造力的當事人	認知	**受害者、犧牲者認知** 將自己視為環境的受害者、犧牲者
勇氣獲得鼓舞		**勇氣受挫**

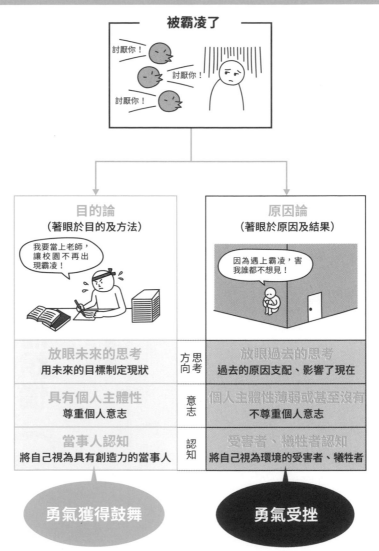

整體論

03 不用為意志不堅定而煩惱

POINT ① 人類的心不會互相矛盾，也沒有對立。

POINT ② 人類擁有的所有要素，會互補為一個整體。

▼想做卻做不到是誰的錯？

「不小心喝多了。」

「明明想用功唸一下書，卻忍不住看起電視。」

「早上想早點起來慢慢準備，結果每次都睡到最後一刻才起床。」

以上這些經驗，相信人人都曾有過。或許會因爲「明明知道該怎麼做，結果還是辦不到」而責備自己「意志力薄弱」。

其中可能也有人會找藉口說「理智上雖然明白，但情感上就是控制不了」、「在潛意識中那麼做了」。

「明意識與潛意識」、「理智與情感」、「心與身體」，這些名詞常被用來形容相反、對比的狀況，爲的是強調內心的自我矛盾。這種將人類化約、細分的論點，就稱爲「要素還原論」。

然而，阿德勒否定此一要素還原論，提倡「整體論」。阿德勒心理學認爲「心沒有矛盾，一切都是不可分割的整體」。

▼以整體論來思考，就無法找藉口了

「明意識與潛意識」、「理智與情感」、「心與身體」這些在整體論中都視爲「不可能分割」、「互補爲整體」的東西。

工作上遇到無法解決的問題，白天費盡心思苦惱，晚上作夢就夢到解決方法，有這種經驗的人應該不少吧。這就是明意識與潛意識互補的例子。

選擇戀人時只靠理智或只靠情感都不會順利，這應該也是很多人從親身體驗中學會的道理。此外，心情低落時身體就會不舒服，或者反過來說，體力也可能靠毅力撐下去，這些都說明了人類是一個無法化約分割，自然互補的整體。

那麼，前面提到的那些煩惱該怎麼看待呢？舉例來說，飲酒過量的人不是「不想喝多，只是忍不住」，眞正的原因只不過是「不想放下酒杯」罷了。

以整體論來思考，就不能用「明知應該○○卻做不到」當藉口了。但是，正因如此，只要有心「改變自己」，一切就還有轉圜的餘地。

不想「老是懶懶散散看電視」，就去回想自己當初爲什麼想用功唸書。借助理智的力量，改變懶懶散散的自己。早上爬不起來，也可以轉而思考「既然這麼累就睡晚一點再起來」，或是爲自己在早晨安排一些有趣的事，成爲早起的動力。總而言之，只要以整體論來思考，要怎麼解釋都取決於自己。

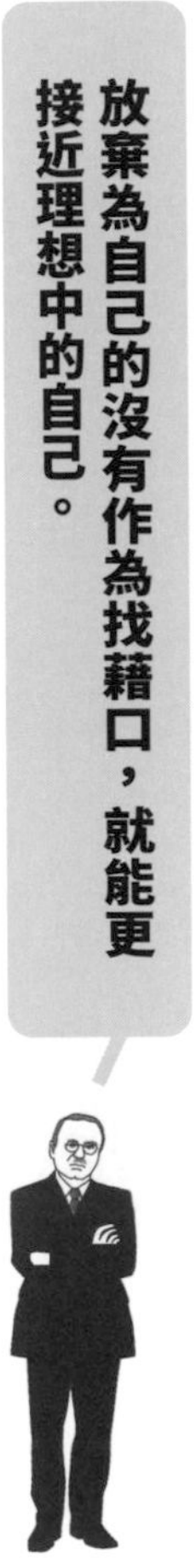
放棄為自己的沒有作為找藉口，就能更接近理想中的自己。

人類無法分割為要素

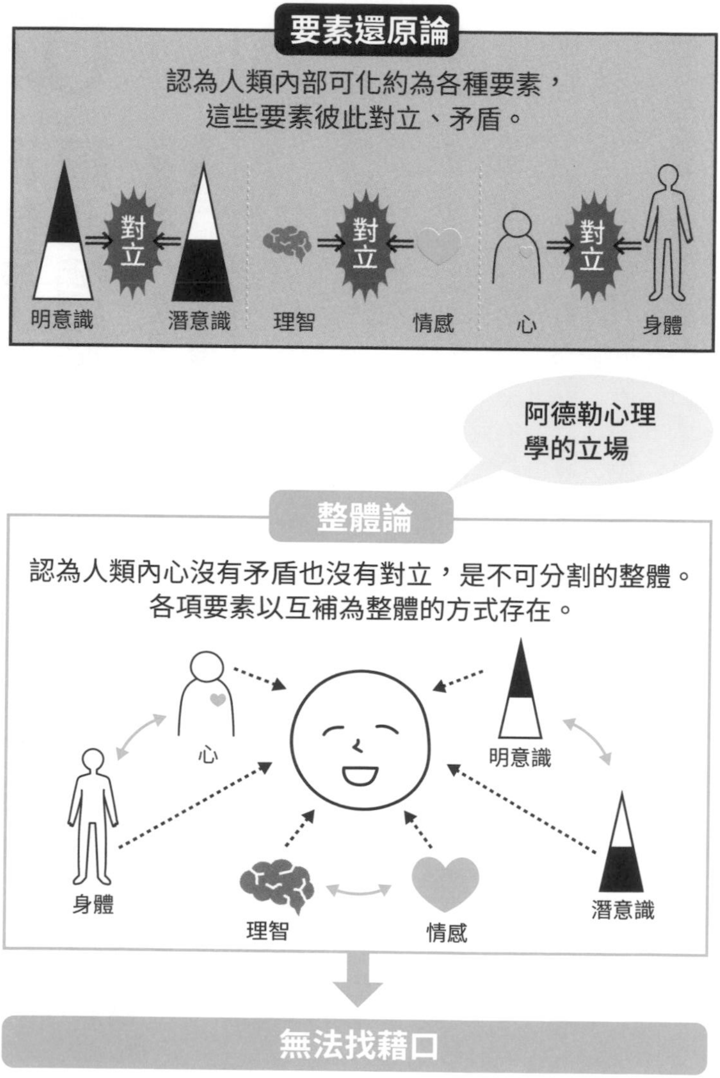
要素還原論
認為人類內部可化約為各種要素，
這些要素彼此對立、矛盾。
對立
對立
對立
明意識
潛意識
理智
情感
心
身體
阿德勒心理學的立場
整體論
認為人類內心沒有矛盾也沒有對立，是不可分割的整體。
各項要素以互補為整體的方式存在。
心
明意識
身體
潛意識
理智
情感
無法找藉口

主觀認知論

04 改變看法，察覺錯誤信念，讓心情變輕鬆

POINT ① 人有可能出現錯誤信念。

POINT ② 培養有建設性且符合現實的共通感。

▼發自主觀的錯誤信念

人類會站在自己的觀點定義發生的事。

比方說，在吵雜的咖啡店看書，有些人覺得「這樣很自在」，有些人卻會說「太吵了無法專心」。分開來問一對夫妻關於蜜月旅行的回憶，兩人印象最深刻的事未必會一樣。之所以如此，就是因爲每個人看事情的觀點不同。

人們容易根據過去的體驗或自己的喜好判斷事物，換句話說，在定義事物時，每個人心中都有自己的一把尺。這把尺，就是「主觀」。

主觀當然有順利運作的時候，但是在日常生活中，主觀也會引起不適當的狀況。簡單來說，主觀有可能讓我們陷入錯誤的基本信念（＝basic mistakes）。

資格考沒考過時，有人的想法是「得再更用功才行」，也有人會直接放棄，心想「反正我學什麼都沒意義」。

落榜可以是重新審視自己讀書方式的機會，已經學到的知識或許也可以應用在工作上。只因為落榜就認定自己「學什麼都沒意義」，這就是一種錯誤信念。

▼擁有共通感，世界就會改變

那麼，該怎麼做才不會陷入錯誤的基本信念呢？最重要的，就是培養共通感。

所謂共通感，指的是「健全、具有建設性且符合現實的思考」。也可以說是不要只用自己的一把尺衡量，也要用他人的眼睛去看和思考事物。

想培養這種共通感，重要的是懷疑自己的那把尺。

「真的是那樣嗎？」

「有什麼證據嗎？」

像這樣，對自己那把尺定義或衡量出的事物抱持懷疑的態度。

此外，如果能先搞清楚自己定義事物時的習慣也會很方便。一旦察覺自己有往壞的方向定義事物的習慣，就有機會重新培養共通感。這麼一來，也能盡可能用具有建設性的觀點定義事物了。

養成共通感之後，還能察覺原本只用自己的主觀思考時沒有發現的毛病或扭曲的觀念。如此一來，就能從「應該……」、「非……不可」的偏激錯誤信念中得到解脫，活得更輕鬆自在。

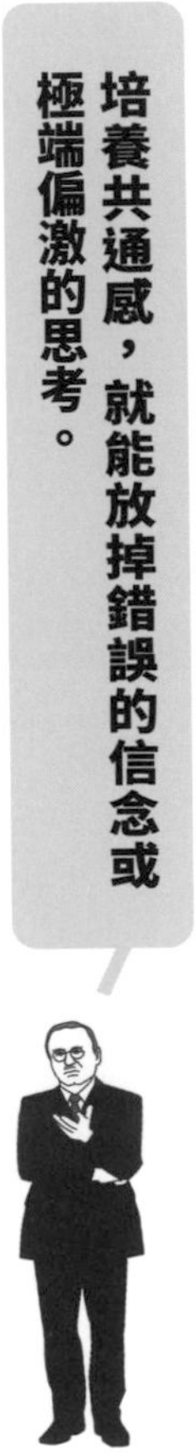
培養共通感，就能放掉錯誤的信念或極端偏激的思考。

容易陷入的錯誤基本信念

朋友遲到時的錯誤基本信念

①認定

反正你下次也會遲到吧！

明明事情還沒發生，卻擅自認定如此，給別人貼標籤。

②誇飾

你一天到晚遲到！

把事情朝壞的方向擴大解釋，過度誇大。

③忽略

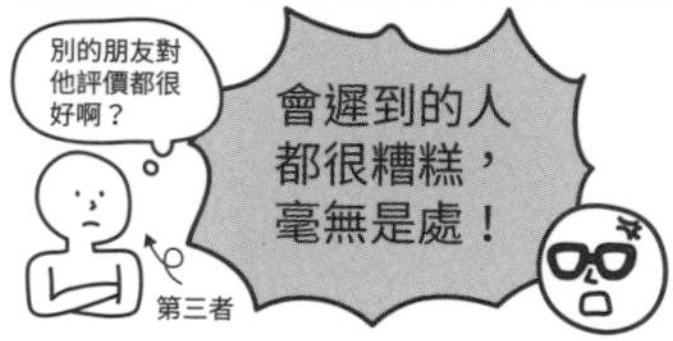
別的朋友對他評價都很好啊？
會遲到的人都很糟糕，毫無是處！
第三者

只看一部分缺點，不去看其他好的地方。

④過度一概而論

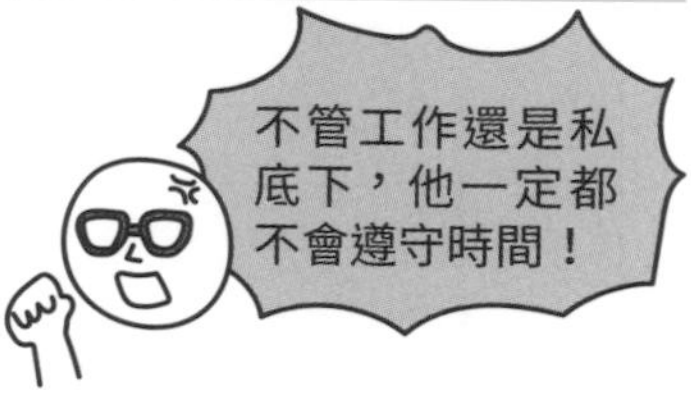
不管工作還是私底下，他一定都不會遵守時間！

把特定現象套用到所有事情上。

⑤錯誤的價值觀

會遲到的人，沒資格當人！

陷入不講道理，不合邏輯的價值觀。

培養共通感，擺脫思考上的惡習與扭曲吧！

人際關係論

05 人們總在互相影響中活下去

POINT ① 所有行為都有對象。

POINT ② 注意人際關係與目的。

▼透過人際關係理解他人

各位一定也有過「不知道對方在想什麼」的時候吧。這種時候，阿德勒心理學中的人際關係論就能派上用場了。這裡的人際關係論，指的是「人類所有行爲都有其對象」。

當我們想理解對方時，最常做的就是去理解對方的心。這個方法如果順利的話倒也無妨。但是，多數時候還是無法看見對方內心眞正的想法。因此，在阿德勒心理學中，我們會去觀察對方的人際關係，藉此理解對方。

比方說，應該有很多父母苦惱於孩子的問題行爲。不過，時時刻刻都有問題行爲的孩子其實沒有想像中多。通常，孩子的問題行爲都發生在特定場景，或是只在面對特定對象時才會發生。「在家明明很乖，到學校卻會對老師做出問題行爲」的案例正符合這種情形。相反的，也有只有在家裡才出現問題行爲的小孩。

不妨想想自己的情況又是如何。就算和朋友見面時能夠輕鬆交談，面對主管或崇拜對象時，往往又緊張得說不出話，相信很多人都有類似的經驗。能輕鬆交談的自己，和緊張得說不出話的自己，其實都是同一個自己。

或許可以這麼說，每個人都會根據眼前對象的不同，改變當下的情緒或舉動。這麼說來，當我們想要理解某個人時，只要注意對方和周遭的人之間的互動關係，或許也就能理解那個人了。

這種時候，需要特別注意的是「對方做出這樣的行爲，目的是什麼」。因爲人類做出任何行爲都有其目的。例如「希望對方更愛我」、「希望對方注意我」或「想向對方報復」等等。行爲的目的有許多種，但所有行爲都一定有其對象，針對每個對象的目的不一樣。只要理解行爲的目的，就看得出那個人是「會在什麼場合做出什麼事的人」。

▼透過與人往來，促進自我成長

和前一個戀人交往時的自己，和跟現在這個戀人交往後的自己性格好像不一樣——你是否也曾有過這種經驗呢？換了交往對象，興趣、說話方式和行動都跟著改變，這是常有的事。

因爲人活著就會互相影響。由此可知，選擇往來的對象有多重要。

與其和會折損自己勇氣的人往來，不如和會爲我們鼓舞勇氣的人往來，這樣才能擁有健全的情感，達到自我成長。

想理解一個人，就去注意他採取行為的對象與目的。

依據不同目的，改變言行舉止

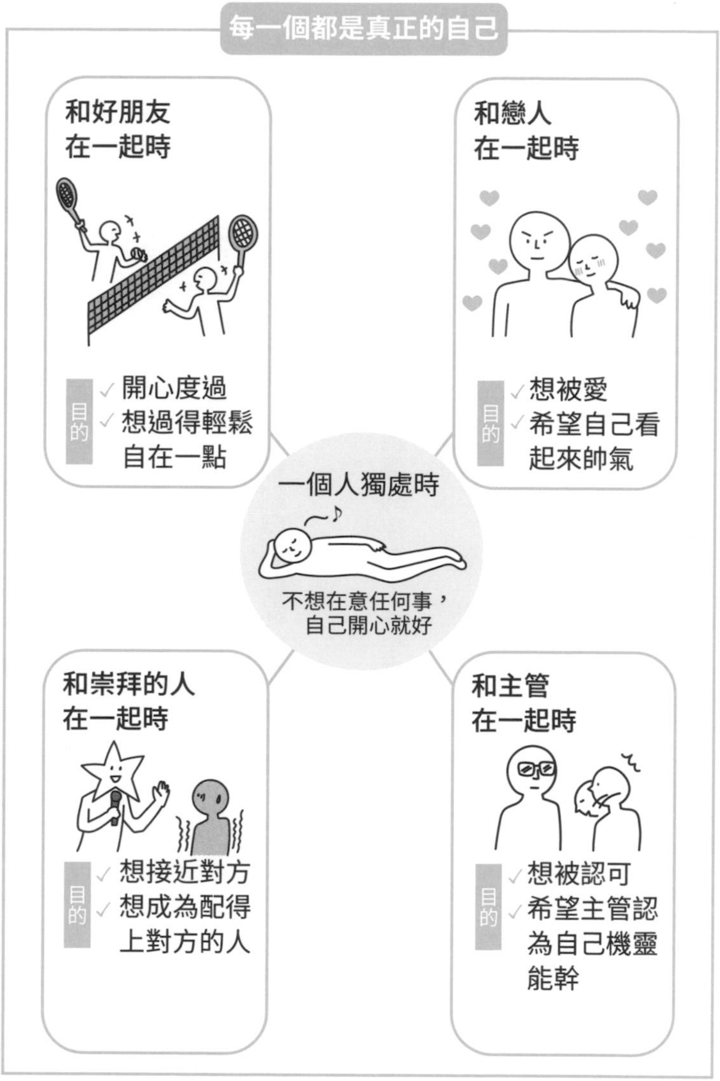
每一個都是真正的自己
和好朋友
在一起時
目的
開心度過
想過得輕鬆自在一點
和戀人
在一起時
目的
想被愛
希望自己看起來帥氣
一個人獨處時
不想在意任何事，
自己開心就好
和崇拜的人
在一起時
目的
想接近對方
想成為配得上對方的人
和主管
在一起時
目的
想被認可
希望主管認為自己機靈能幹

Column3

阿德勒心理學裡不存在心靈創傷？

阿德勒心理學不從原因論，而是從目的論來看事物。

或許因為如此，導致有些人以為「阿德勒完全否定心靈創傷的存在」，其實這是個誤會。尤其在日本，阿德勒幾乎與「心靈創傷不存在」劃上等號，誤會似乎如滾雪球般愈滾愈大了。

事實上，阿德勒否定的並非心靈創傷的存在，他也認同過去的經驗會成為人生風格的「影響因素」。

在阿德勒心理學中，重視的不是心靈創傷，而是「心靈創傷無法決定任何事」。

◆阿德勒的女兒，是心靈創傷研究第一人

阿德勒的子女中，有一個女兒叫愛麗珊德拉・阿德勒（Alexandra Adler），她曾被譽為心靈創傷研究的第一人。

一九四二年十一月二十八日，波士頓某夜店發生嚴重火災，其中一位治療師就是愛麗珊德拉．阿德勒。她與倖存者面談，提出的報告中指出，有些受害者因為缺乏罪惡感與倫理觀而導致人格丕變，承受難以療癒的悲傷。

此外，她也在報告中提到，火災發生一年後，仍有百分之五十的倖存者面臨睡眠障礙與神經過敏，對自己的倖存抱持的罪惡感及對火的恐懼感仍無法消失。換句話說，愛麗珊德拉是推廣心靈創傷概念的重要人物之一，而她正是阿德勒的女兒。

要是阿德勒和女兒愛麗珊德拉得知現在日本心理學界認為「阿德勒心理學否認心靈創傷的存在」，大概會很驚訝吧。

阿德勒心理學 習題③

問題 1 世界看上去消極負面時怎麼辦？

A **是這世界不好，只能放棄了。**

B **改變自己的看法。**

問題 2 決定自己人生的是？

A **自己。**

B **過去發生的事。**

答案
問題 1：B（→ 80 頁）
問題 2：A（→ 84 頁）

問題 3 以下何者為放眼未來？

A 原因論。

B 目的論。

問題 4 理智與情感等人類的要素是？

A 能化約、細分的。

B 不能化約、細分的。

理智　　情感

答案
問題 3：B（→ 88 頁）
問題 4：B（→ 92 頁）

問題 5 遲到的朋友是什麼樣的人？

A **糟糕的人，一無是處。**

B **或許還有其他優點。**

問題 6 想理解對方時，要注意什麼？

A **對方的人際關係。**

B **對方的內在。**

答案
問題 5：B（→96 頁）
問題 6：A（→100 頁）

Chapter 4

善用鼓舞勇氣技巧，發揮最大作用

使人際關係變順利的
阿德勒心理學實踐方法。

透過鼓舞勇氣的方法改善人際關係

▼鼓舞勇氣的三個階段

在這之前，我們已經學習了關於鼓舞勇氣的理論。進入第四章後，將介紹人際關係中的勇氣。

人是爲了什麼鼓舞勇氣的呢？

在阿德勒心理學中，將多數人擁有共同體感覺的社會視爲理想社會。因此，鼓舞勇氣的最終目標，就是「鼓舞對共同體有所助益的勇氣」。爲了達到這最終目標，必須經過以下三個階段：

階段❶：在彼此尊敬、相互信賴之中。

階段❷：使對方能為自己鼓舞勇氣。

階段❸：鼓舞對共同體有所助益的勇氣。

鼓舞勇氣的三個階段

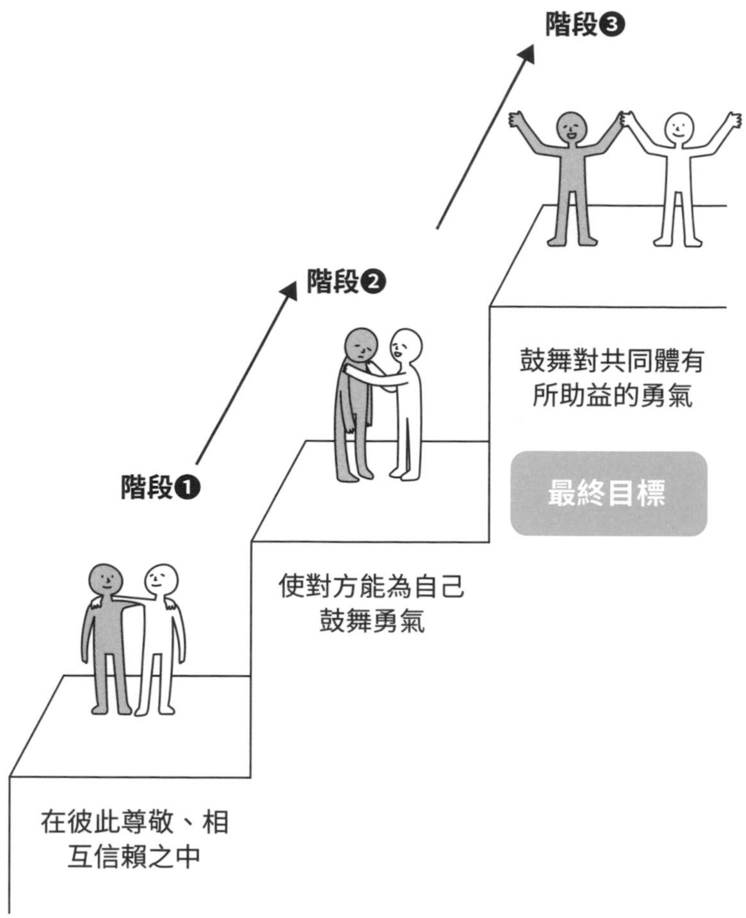

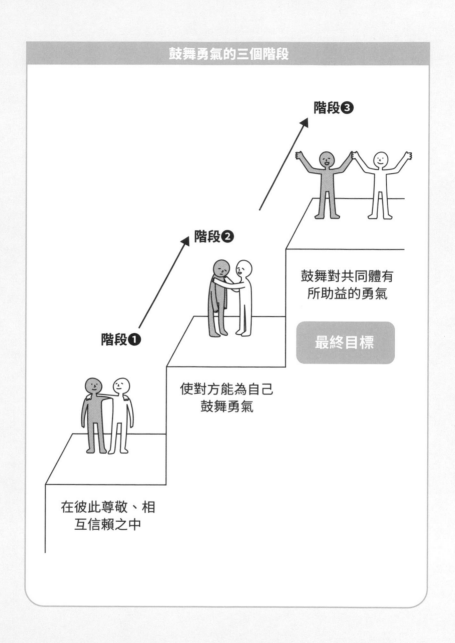

▼鼓舞勇氣與共同體感覺的關係

階段❶：鼓舞勇氣的前提條件。如果無法彼此尊敬，互相信賴，再怎麼鼓舞勇氣也沒有用。

何謂「尊敬」？這裡的尊敬，比較接近英語中的respect，尊敬的對象也包括身邊的平輩或比自己年紀小的人。只要抱持尊敬的心情，就不會對對方做出失禮的事。

「信賴」指的則是無條件相信對方。和有條件的「相信」不同，信賴一個人就表示信任對方本身。互相信賴的第一步，就是自己要先信賴對方。

階段❷：想辦法讓對方也能自己鼓舞勇氣。

和效果只有一時的「稱讚」不同，鼓舞勇氣能達到促進對方自立心態的效果。換句話說，就是支援對方成為能為自己鼓舞勇氣的人。

階段❸：鼓舞勇氣的最終目標。

鼓舞勇氣為的是擁有共同體感覺，只要愈多人感到自己對共同體有貢獻，共同體就會發展得更好，更多人因此獲得幸福。因此，鼓舞勇氣和共同體感覺是密不可分的關係。

本章將依循鼓舞勇氣的三個階段，介紹各個階段的技巧。

鼓舞勇氣與共同體感覺

鼓舞勇氣和共同體感覺就如這兩個輪子，
有著密不可分，缺一不可的關係。

「挑毛病」與「找優點」

01 看似沒用的人也會做出「好的行為」

POINT ① 適當的行為因為不起眼，容易被忽略。

POINT ② 「找優點」能促進人際關係產生良性循環。

▼容易挑出的是毛病，不容易察覺的是優點

我們總是忍不住「挑毛病」。

「房間好髒亂啊！」

「不積極接電話是不行的吧！」

「你得更頻繁報告目前進度才行啊，不然我很難做事。」

就像這樣，人們總下意識地挑著毛病。目光特別容易看到家人、同事等近在身邊的對象做得不好的地方。比方說公司來了新員工，不管說什麼、做什麼都特別容易注意到，忍不住就挑起毛病了。

可是，阿德勒心理學認爲挑毛病無法促進成長。相反地，阿德勒心理學建議大家應該積極地「找優點」。

「找優點」可以想成與「挑毛病」正好相反的概念。提醒自己目光盡量看對方做出的「好的行爲」，再用言語表達出來。所謂好的行爲不一定是「善行」，有時也指「理所當然該做的事」。

以爲對方做出不適當的行爲，其實綜觀行爲整體，不適當的只是一小部分。只因注意到對方的問題行爲，就認爲對方是問題人物，事實上，這個人其他的行爲幾乎都是有建設性且適當的。

「好的行爲」因爲不起眼，往往容易被忽略。即使是不擅長講電話的菜鳥員工，對身邊的人也可能禮貌周到，隨時不忘與衆人寒暄。只因「寒暄」的行爲太過理所當然，才沒被注意到。

▼別忘了，「關注」的效果很大

比起挑毛病，爲什麼找優點的好處更多，這是因爲「人受到關注時更容易成長」。

舉個日常生活中的例子。請大家想想以前和現在的公共廁所，現在的公廁乾淨許多吧？這樣的變化並非因爲打掃人員增加，而是貼在廁所裡的「謝謝您維持廁所乾淨」標語發揮作用。相較之下，以前公廁還沒這麼乾淨時，貼的多半是「禁止○○」或「嚴禁塗鴉」等標語。

要是聽到鄰居說「您打招呼時總是元氣十足，讓人聽了心情眞好！」下次遇到鄰居時，可不好意思再一副無精打采的樣子了。這就是「找優點」帶來的良性循環。

同樣的道理也可以應用在自己身上。在自己身上找優點，一定會更喜歡自己。

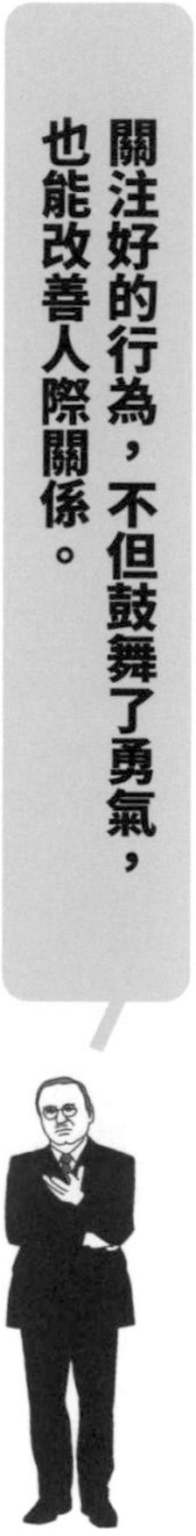
關注好的行為，不但鼓舞了勇氣，也能改善人際關係。

關注好的行為

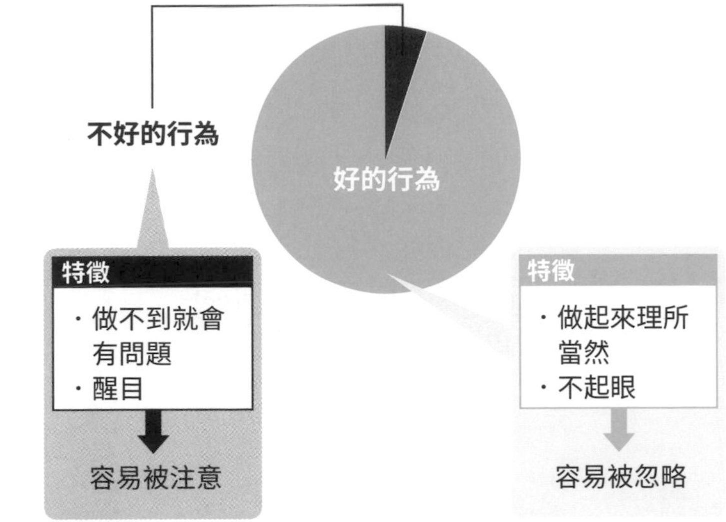
不好的行為
好的行為
特徵
・做不到就會有問題
・醒目
容易被注意
特徵
・做起來理所當然
・不起眼
容易被忽略

受到關注的地方，特別容易成長

挑毛病
你講電話的技巧很差。
不敢接電話了。
害怕
找優點
你打招呼時元氣十足，讓人聽了心情很好！
咦？
您好！早安！
活力十足
真不錯！

02 感謝會產生良性循環

POINT ① 用隨時都能做到的「表達感謝」來鼓舞勇氣。
POINT ② 受到感謝的人會產生「自己有所貢獻」的感覺。

▼表達感謝也會換來感謝

今天一天，你對周圍的人說過幾次感謝的話呢？在鼓舞勇氣的各種方法中，表達感謝之意是能最快實行，隨時都能開始的一種。也是最不花費時間金錢，又能期待收到最大效果的一種。

這是因爲感謝具有「迴力標效果」。聽到別人誠心道謝時，很少有人會感到不愉快吧。要是受到感謝時，你卻只覺得被挖苦，那就得重新檢視自己和對方的關係了。只要是健全的人際關係，當我們表示感謝時，對方一定會感受到。這麼一來，彼此的關係就能發展得更好。

然而，日本人有不擅長表達感謝的傾向。別人為自己做什麼時，比起感謝，日本人似乎更常說「不好意思」。

「不好意思」原本應該是道歉時說的話，如果你也老是把「不好意思」掛在嘴上，不妨試著換成「謝謝」，多向身邊的人表達感謝之情吧。

「不用道謝對方也知道」是傲慢的錯誤認知。心懷感謝時，不說出口對方是不會知道的。

▼「貢獻感」會從感謝之中萌生

「感謝」和「道歉」另一個很大的不同，就是會產生「貢獻感」。

假設你正雙手抱滿東西走路，前面的人幫你開了門。這時，如果你說的不是「不好意思」也不是「真抱歉」，而是滿臉笑容地說聲「太謝謝你了」，對方一定能感受到自己對你做出了貢獻。

於是，他的心情也會愉悅起來，笑著回應你「不客氣」。就算表情不為所動，內心一定在微笑。

我們經常懷抱各種需求。除了食慾、睡眠慾等活著就要追求的根本慾望外，還有對安全生活的需求，或對隸屬團體的歸屬感等伴隨成長產生的更高等級需求。

其中最高等級的需求，就是「希望豐富他人的生活」、「希望對別人做出貢獻」的「貢獻需求」。

自己做出的事能爲其他人帶來喜悅——這是每個人都會有的最高等級精神需求。你的一句「謝謝」，就能爲幫忙開門的人滿足貢獻需求，成爲鼓舞彼此勇氣的來源。

道謝從自己開始，就會產生良性循環。

感謝的效果

感謝的迴力標效果

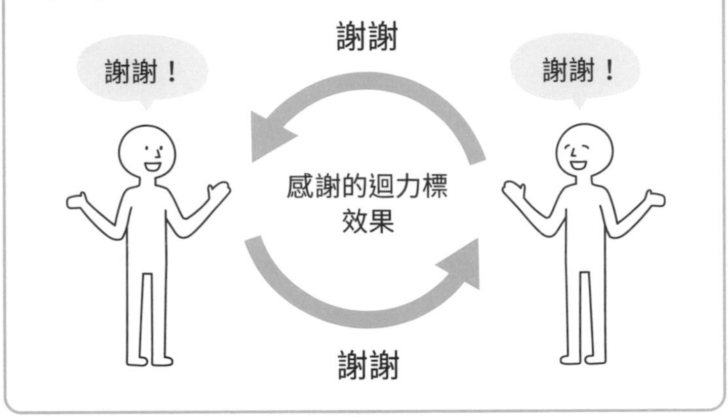

產生貢獻感的效果

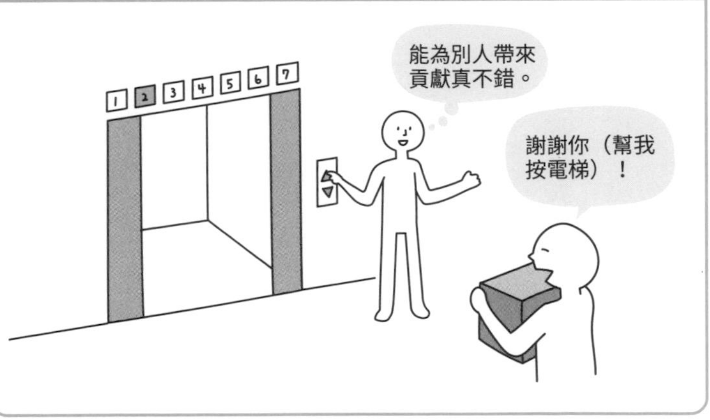

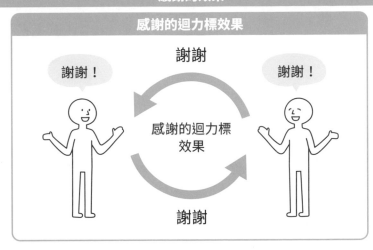

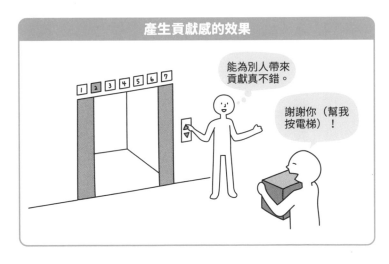

03 總之先不要在意結果

POINT ① 關注成長過程，給予鼓勵的話語。

POINT ② 不要採取扣分主義，而是要站在加分主義的立場。

▼成果的展現有時間上的落差

指導新進員工或後輩工作時，是不是也曾不耐煩地說「爲什麼連這種事都不會！」、「昨天不是說過了嗎？」

請想想看，假設你是進公司第二年的員工，比新進員工應該多出大約兩千小時的工作經驗（八小時乘以兩百五十天）。說一個比自己少兩千小時工作經驗的人是「沒用的傢伙」，不覺得太不合理了嗎？

此外，職場的特徵之一就是「努力不一定看得到成果」。舉例來說，有生以來第一次打工，工作是服裝店的店員。應該沒有人第一天報到就能把所有事都做好吧。服裝儀容、打招呼的方式和打掃店面等，必須從基本開始學習這些打工前完全想像不到的事。不管再怎麼努力，一定很快就會發現，無論是接待客人的技巧與業績，只有一個月經驗的菜鳥想追上已有五年資歷的前輩，是多麼困難的一件事。就算前輩看起來毫不費力也一樣。

在新人的努力尚未化爲成果展現前，站在前輩的角度看，只會覺得新人做得「不怎麼樣」。說來理所當然，只能持續努力，直到成果展現。

▼重視過程，一起為成長表示喜悅

那麼，面對還沒做出一番顯而易見成果的人，身爲前輩的人該怎麼做才好呢？答案是「重視過程，鼓舞勇氣」。換句話說，就是關注對方的進步與成長，陪對方一起爲成長感到開心。

比方說，對方不擅長寫報告，卻又非得提出報告不可。這時，

「都出社會了還寫這種像學生寫的文章啊？」

「你好像已經掌握寫報告的基本格式了喔！」

哪句話能激勵對方呢？當然是後者。

這就是我說的「關注對方的進步與成長」。想擁有這種觀點，就必須站在「加分主義」的立場。

一旦站在「扣分主義」的立場，如果沒看到自己期待的滿分結果，只會覺得他「做得不怎麼樣」。對方如果做到八十分，你還是會看到不夠的那二十分。相較之下，從加分主義的觀點來看，就能注意到對方不是四十分也不是六十分，而是「足足」拿了八十分。

「關注對方的進步與成長，一起爲他的進步與成長感到開心，對方就會繼續成長」。這才是加分主義的思考。

重視努力的過程，
站在對方的角度思考，為對方鼓舞勇氣。

努力與成果無法劃上等號

扣分主義

由上往下看對方的「成果」，責備對方「做得還不夠好」。

例如這些話：

「你根本就還不會嘛！」

「你努力得還不夠吧？」

「只做得出這點成績嗎？」

「要是我可以做得更好。」

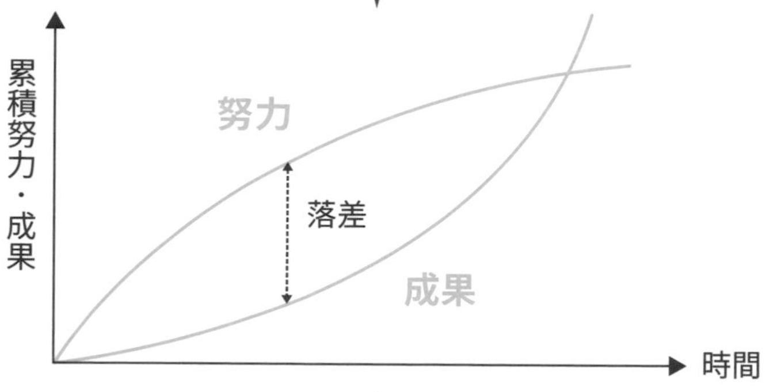

加分主義

由下往上看對方的成長，感同身受地發現「他有在成長！」

例如這些話：

「我有注意到你每天都很努力喔！」

「已經做到八十分了，很棒了。」

「這不是已經學會○○了嗎？」

04 接受失敗的方式 足以改變未來

POINT ① 不要把不願想起的失敗過去封印起來。

POINT ② 以正面態度接受失敗，應用在下一次的挑戰上。

▼每個人都有失敗的經驗

沒有人不曾失敗。反而應該說，隨著年齡增長，失敗的次數愈多。活在這世界上的我們，隨時都與失敗同在。

從「忘了帶手帕」這種日常生活的小失敗，到工作上造成嚴重虧損的大失敗；人生中有各式各樣的失敗。如果每次失敗都抱頭苦惱，原地踏步，或是反過來把「失敗」當成沒發生過，將永遠無法把自己的失敗轉化爲成功。

▼接受失敗和應對失敗的方法

失敗的時候，重要的是「如何接受」和「如何應對」。

接受失敗的方法，有以下五種：

❶視為勇於挑戰的證明

挑戰新事物難免失敗，積極挑戰不保證一定成功的事，光是這種態度就夠值得尊敬了。

❷視為學習的機會

「因爲做了……所以失敗」、「下次遇到一樣情形就要……才會順利」……只要能像這樣從失敗經驗中學到某種教訓，失敗就會成爲無可取代的經驗。

❸視為再次出發的原動力

遇到失敗，當然會產生「不甘心」、「丟臉」的心情。這時，不妨把這種心情化爲「下次一定要成功！」的原動力。要是一點都不感到懊悔，也不會湧現再次出發的力量。

❹視為挑戰過遠大目標的勳章

在奧運中，有些選手會惋惜自己「沒拿到獎牌」。但是，光是能參加奧運就已經很了不起了。獲得代表國家出賽的資格，已可說是十分光榮的勳章。

❺視為下一次成功的題材

只要誠摯面對失敗，一定能夠從中察覺該反省或改善的地方。這時察覺到的內容，將會成爲下一次成功的題材。

此外，如果我們的失敗會造成誰的困擾或給誰添麻煩，千萬不要當場找藉口矇混過去。按照下面三個步驟做，可以避免無謂的失敗。

❶賠罪：眞心誠意道歉。

❷恢復原狀：收拾失敗的殘局，恢復原本的狀態。

❸避免重蹈覆轍：討論並實施對策，不再犯相同的錯。

最後，就算無法「稱讚」失敗的人，至少能爲失敗的人「鼓舞勇氣」，對失敗的人說些以正面態度接受失敗的話吧。

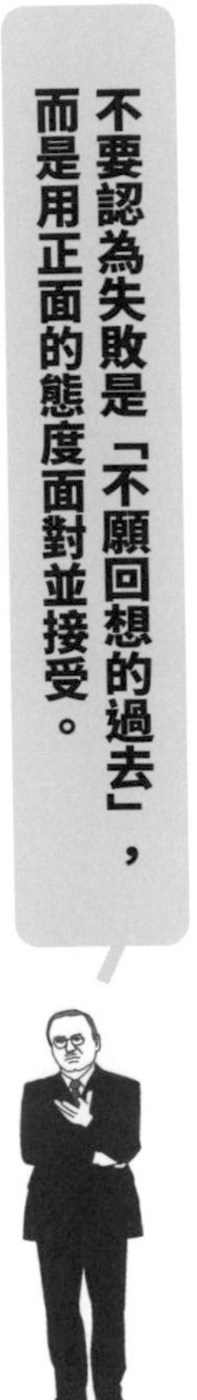

不要認為失敗是「不願回想的過去」，而是用正面的態度面對並接受。

以正面態度接受失敗

五種接受失敗的方法

❶勇於挑戰的證明

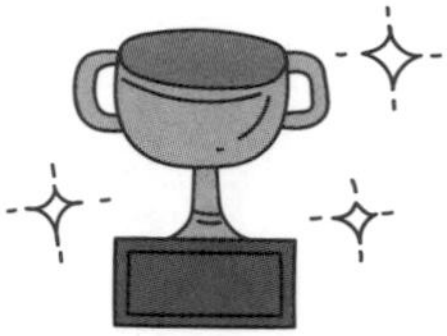

凡事積極挑戰，光是這樣已值得尊敬。

❷學習的機會

只要能從失敗中學到什麼，即使失敗也能成為無可取代的經驗。

❸再次出發的原動力

把失敗當作重新出發的原動力，就能再次迎向挑戰。

❹挑戰過遠大目標的勳章

光是能挑戰遠大的目標就很了不起了。

❺下一次成功的題材

從失敗中反省及改善，成為下一次成功的題材。

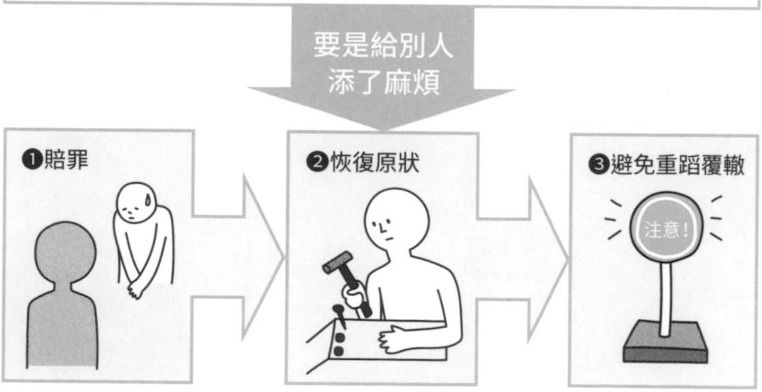

課題分離

05 不要涉入別人的課題，專注於自己的課題

POINT ① 把事情分成自己能掌控的和不能掌控的。

POINT ② 有時對方的課題也會變成「共同課題」。

▼「做得到的事」和「做不到的事」

生活中有各式各樣擾亂心情的事，仔細分析這些事，會發現可以將它們分成「自己掌控得了的事」和「自己無法掌控的事」。舉例來說，自己的態度或言語可以靠自己掌控，別人的態度或言語就是自己掌控不了的事。

「他心情好像不太好。」

「我是不是被討厭了……」

你是否也曾爲這些事忐忑不安？

然而，煩惱那些自己無法掌控的事毫無意義，不如專注在自己努力就能改變的事，也就是自己能掌控的事情上。

在阿德勒心理學中，這叫做「課題分離」。

前職棒選手松井秀喜先生曾如此表達他的看法：「我無法控制來看球賽的觀衆怎麼想，但只要我對賽事全力以赴，留下好的結果，就能把倒采轉換爲掌聲。」

這就是「專注於自己能掌控的事」（以松井選手的情況來說，就是在球場上盡己所能，全力以赴）。

除此之外，例如參加考試。考卷上會出現什麼問題，是我們無法掌控的事。但是，在考題範圍內盡力準備，就是自己能掌控的事。

像這樣把課題分開來思考，就看得出自己該做的事是什麼。

還有一個態度很重要，那就是——不要雞婆干涉別人的課題。試圖改變別人，甚至有可能破壞彼此之間的關係。

▼和對方的「共同課題」

爲了解決課題，對方可能會尋求我們的建議或協助。此外，有時我們也應該爲對方鼓舞勇氣。像這種情形，對方的課題就會變成雙方的「共同課題」。簡單來說，不管怎麼樣，只要各自努力克服自己的課題就行了。

當然，還是需要設下某種程度的界線。「幫忙就幫到這裡」、「接下來不能再幫了」，如果不像這樣劃下界線，將會漸漸無法釐清責任歸屬，反而使人際關係出現裂縫。

無論是「課題分離」或「共同課題」，都需要看清界線，避免過度涉入對方的課題。最重要的，是判斷自己該做什麼。

涉入別人的課題可能導致人際關係鬧僵。
務必看清界線。

課題分離與共同課題

課題分離

堆積如山的課題

釐清最終誰該負起什麼責任。

他人＝無法掌控

課題

煩惱也沒意義。

自己＝可以掌控

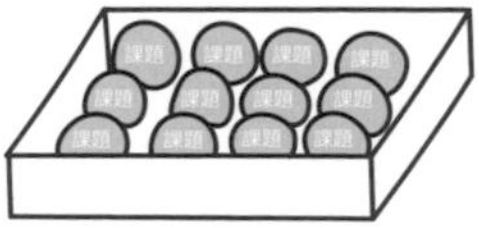
課題

專注解決課題。

共同課題

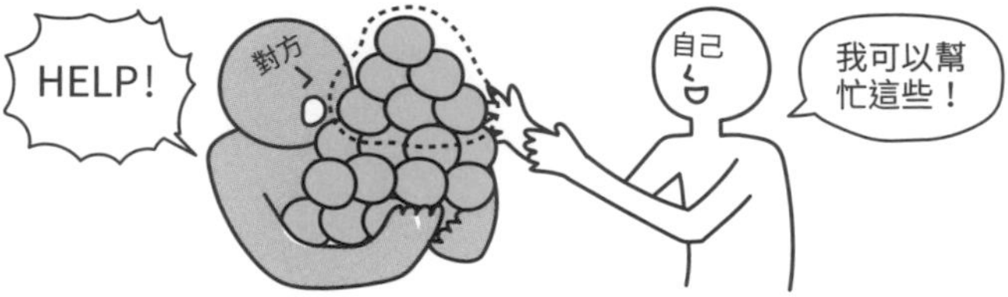
HELP!
對方
自己
我可以幫忙這些！

明確劃分能提供協助的範圍，合力解決課題。

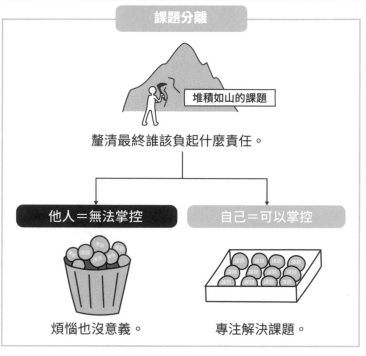

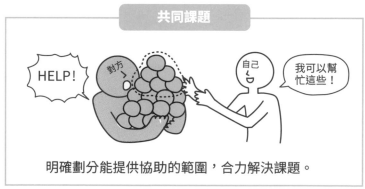

I（我）訊息

06 糾正別人時，使用「I（我）訊息」

POINT ① 確定自己提出糾正的目的，冷靜表達。

POINT ② 選擇不會折損勇氣的遣詞用字。

▼提出糾正未必是壞事

孩子或下屬、朋友等身邊的人做出不適當的行爲時，難免會想提出自己的意見或糾正對方。但是，這種時候很有可能「折損對方的勇氣」。

不過，要是害怕折損對方的勇氣，乾脆放棄糾正，這也是個問題。畢竟不能眼睜睜看著對方繼續不適當的行爲。

話雖如此，若流於情緒斥責，對方當然也會反駁。所以，首先我們必須好好理解自己提出糾正的目的，保持冷靜理性。只要符合下列三種目的，就是「應該提出糾正」的時候。

❶促使對方改掉不良行為或習慣

首先要讓對方對「自己的不良行爲或習慣」有所認知，糾正的目的是改掉這些不良行爲或習慣。

❷促使對方成長

糾正的目的是刺激對方潛力，使其更加成長。

❸促使對方提起幹勁

對失去幹勁的人，糾正的目的是喚醒他的幹勁。

▼以自己為主詞，溫和地表達意見

想避免折損對方勇氣，同時又想促使對方改善行爲，訣竅就是表達時「以自己爲主詞」。用「I（我）訊息」取代「YOU（你）訊息」。

所謂「YOU（你）訊息」，指的是以「你」爲主詞的表達方式。舉例來說，在糾正別人時就會傳達出這樣的訊息：

「你做事眞的很隨便。」

「原來你是這種人。」

這就是「YOU（你）訊息」的表達方式。

反過來說，以「我」爲主詞的「I（我）訊息」糾正對方時，傳達的是這樣的訊息：

「我喜歡溫和一點的表現方式。」

「若能早點到就幫了我大忙啦！」

「不那麼做的話，我會很感激的……」

日語經常省略主詞，或許大家平常說話時沒有留意到。可是，雖然沒有用到主詞，但是如「眞笨」、「開什麼玩笑」就屬於「YOU（你）訊息」；而「好失望」、「好可惜」則屬於「I（我）訊息」，說話時請多留意。相信你一定會發現，批判別人的言詞幾乎都屬於「YOU（你）訊息」。

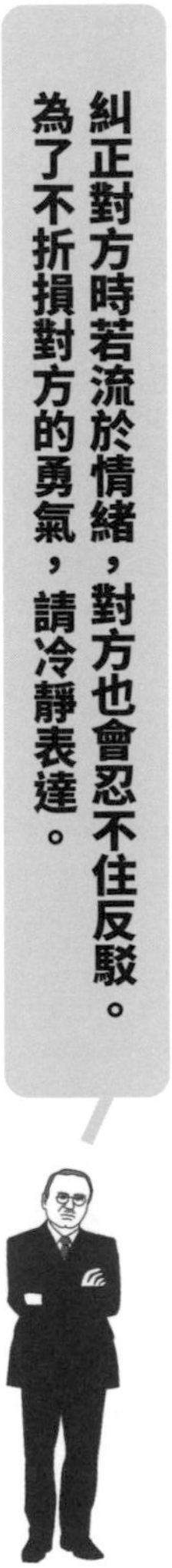
糾正對方時若流於情緒，對方也會忍不住反駁。
為了不折損對方的勇氣，請冷靜表達。

糾正別人時要注意的事

目的

❶促使對方改掉不良行為或習慣

❷促使對方成長

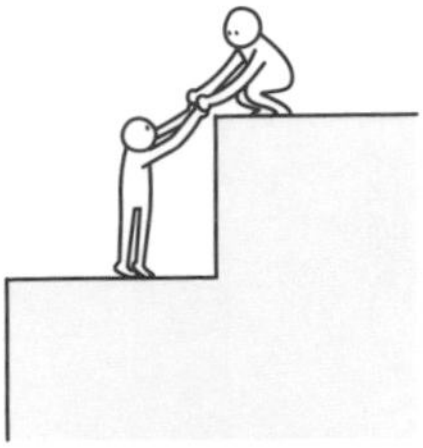

❸促使對方提起幹勁

以此為基礎

自己冷靜下來

避免折損對方的勇氣

YOU（你）訊息 ✕

「（你）這樣真的不行。」

「（你）怎麼老是給大家添麻煩！」

「（你）為什麼總是這麼固執？」

I（我）訊息 ○

「（我）覺得下次可以嘗試另一種做法。」

「要是能幫忙做○○，那（我）就太開心啦！」

「聽到你這麼說，（我）大受打擊。」

07 大大肯定，小小否定

POINT① 透過表達方式的不同，提高鼓舞勇氣的效果。
POINT② 肯定對方時使用「放大表達」，否定對方時使用「限縮表達」。

▼「放大表達」可提高鼓舞勇氣的效果

用不同的表達方式鼓舞勇氣，展現的效果也不一樣。提高鼓舞勇氣效果的表達方式，包括了放大表達、限縮表達和可能性表達。

・放大表達

放大表達用在肯定對方的時候。例如一次肯定多項優點，或用「總是」、「非常」等正面、肯定的副詞及形容詞，放大表達的內容，提高鼓舞勇氣的效果。

「看到你用功的樣子，我很感動。」

光是這樣也足以達到鼓舞勇氣的效果了。不過，如果想再提高鼓舞勇氣的效果，或許可以像下面這樣表達：

「你不但沒有一天不用功，連家事也毫不馬虎，眞是讓我太感動了。」

▼用「限縮表達」和「可能性表達」

另一方面，有時也會遇到不得不否定對方的時候。這種時候，怎麼表達才不會折損對方勇氣，就成爲很重要的考量了。「I（我）訊息」就是這種表達方式的代表例。

・限縮表達

限縮表達也是避免折損勇氣的表達方式之一。不得不說出否定對方的話時，將話題限縮在事情本身，或者使用大事化小的副詞及形容詞。

「你有時候打掃會偷懶呢，大家對這件事好像有一點不高興喔。」

反過來說，若否定對方時使用了「放大表達」，就會折損對方的勇氣。

「你每次打掃都偷懶，沒事就已經什麼都不幫忙了還這樣，大家現在最看你不順眼了。」

・可能性表達

此外，在不得不否定對方時，還有一件必須注意的事，那就是「不要使用斬釘截鐵的表達方式」。

「你做的事肯定惹得大家都不開心了。」

用這種表達方式一說，對方的勇氣必然當場折損。這種時候，不妨改用「可能性表達」。

「你做的事可能會惹大家不開心喔。」

不是斷言，只是表達一種可能性，維護對方的尊嚴。

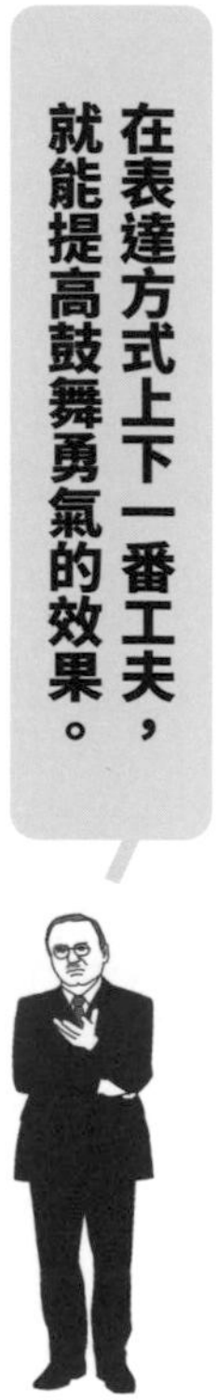
在表達方式上下一番工夫，就能提高鼓舞勇氣的效果。

在表達方式上下工夫，提高鼓舞勇氣的效果

放大表達

沒有一天不　增加肯定的項目

看到你用功的樣子，我感動。

實在非常　加上誇大的詞彙

限縮表達

○號和○號　加上限縮的詞彙

你~~每次~~打掃都偷懶。
~~沒事就已經什麼都不幫忙了還這樣。~~

刪除　不要提及與主題無關的事

可能性表達

你做的事~~肯定~~惹得大家都不開心了。

可能　不要斷定

Column4

阿德勒是佛洛伊德的學生？

阿德勒與佛洛伊德並列心理學三巨頭，佛洛伊德提倡原因論，阿德勒則提倡完全相反的目的論。為此，兩人乍看之下像是完全對立，事實上他們原本曾共同進行研究，佛洛伊德還給過阿德勒很高的評價。

兩人之所以相識，起因是阿德勒為佛洛伊德的著作撰寫了書評。這本《夢的解析》（*Die Traumdeutung*）如今雖然已是佛洛伊德的代表作，但剛出版的時候評價其實不太高。然而，在這樣的狀況下，阿德勒卻寫了對《夢的解析》讚不絕口的書評。佛洛伊德看到書評內容，邀請阿德勒加入精神分析學會，一起從事研究，據說這就是兩人相識的開端。

◆佛洛伊德和阿德勒分道揚鑣的原因

以結果來說，因為意見不和，阿德勒便離開了佛洛伊德。

佛洛伊德提倡「性衝動」學說，認為人類所有行為的動力都來自「性慾」。但是，阿德勒主張人類行為的動力來自「尋求力量與試圖變得更優秀所付出的努力」。兩人都堅持己見，不願退讓，結果就是阿德勒在一九一一年脫離精神分析學會，和佛洛伊德分道揚鑣。

因為曾在同一個學會研究過，阿德勒經常被稱為佛洛伊德的學生。然而，關於這件事，阿德勒本人在《自卑與超越》一書中是這麼說的：

「佛洛伊德和他的學生們喜歡以明顯自豪的語氣說我是他的學生。這是因為我在精神分析社團和佛洛伊德大大爭論了一番的緣故。事實上，我連一次都沒上過佛洛伊德開的課。」

阿德勒心理學 習題④

問題 1 鼓舞勇氣的最終目的是？

A **增加任性自私的人。**

B **對共同體做出貢獻。**

問題 2 應該關注的重點是？

A **必須改正的缺點。**

B **理所當然但適當的行為。**

答案
問題 1：B（→ 110 頁）
問題 2：B（→ 114 頁）

問題 3 表達感謝之情後，對方會有什麼感覺？

A 產生貢獻感。

B 覺得遺憾。

問題 4 該重視下列哪一點？

A 過程。

B 結果。

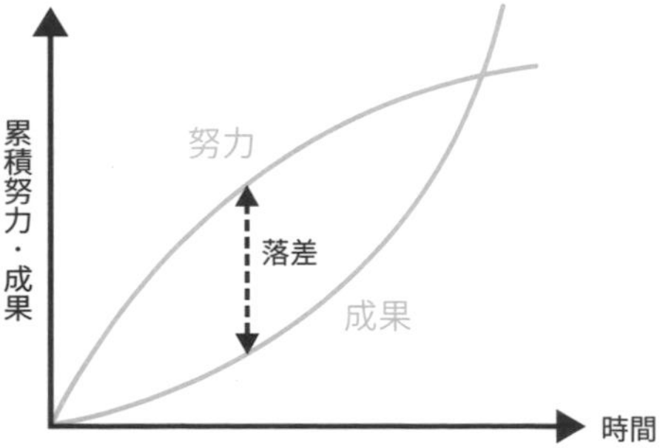

答案
問題 3：A（→ 118 頁）
問題 4：A（→ 122 頁）

問題 5 該怎麼做才不會失敗？

A **討論、執行新的策略。**

B **放棄挑戰。**

問題 6 糾正對方時，下列哪句話有效？

A **「我覺得不妨試試別的做法。」**

B **「用你的腦袋想想。」**

答案
問題 5：A（→ 126 頁）
問題 6：A（→ 134 頁）

Chapter 5

為了感受幸福，應該以「共同體感覺」為目標

人能夠從對共同體的歸屬感・
貢獻感中獲得幸福。

所有人都隸屬於某共同體

▼阿德勒心理學不可或缺的價值觀

前面介紹過，「共同體感覺」是阿德勒心理學中不可或缺的價值觀。所謂共同體感覺，指的是對自己隸屬的共同體產生由歸屬感、安心感、信賴感與貢獻感總和而成的感覺或情感。也可以說是用來判斷精神健康的指數。

人無法獨自生存。身爲現代人的我們必定隸屬某個或複數個共同體，例如夫妻、家庭、學校、社團、職場或地方社群。德國社會學家費狄南・騰尼斯（Ferdinand Tönnies）將社會分成了「共同體」與「機能體」。

最具代表性的共同體就是家庭或地方社群。這類共同體的目標是追求親密關係。另一方面，機能體的目標則是達成外部目的，最具代表性的例子就是公司。

不過，日本的狀況稍微有點不同。在泡沫經濟之前，員工多半受到終身僱用制度保

從時間軸上看共同體

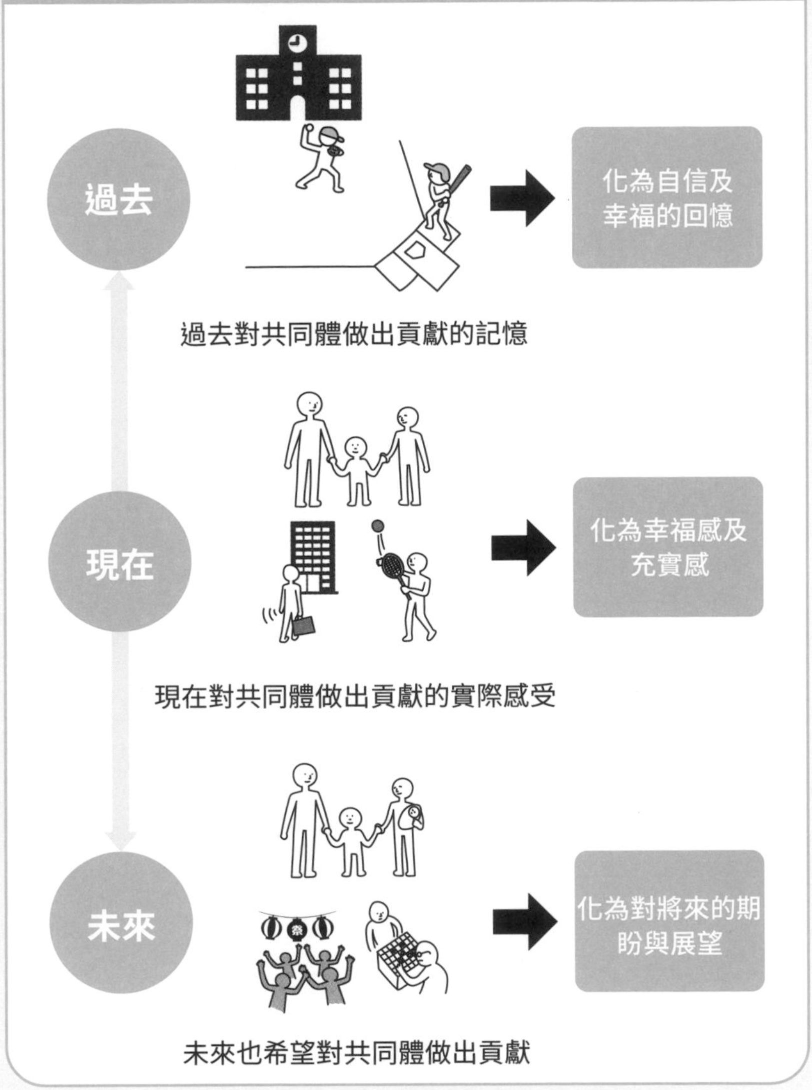
過去
化為自信及
幸福的回憶
過去對共同體做出貢獻的記憶
現在
化為幸福感及
充實感
現在對共同體做出貢獻的實際感受
未來
祭
化為對將來的期
盼與展望
未來也希望對共同體做出貢獻

障，公司像是另一個家庭，員工對公司的歸屬感也很強烈，這時的公司既是機能體，也是共同體。公司定期舉辦員工旅遊、運動會等活動，加深員工之間的親密感，與同事結婚時請主管在婚禮上擔任媒人也是常見的事。

然而，經濟泡沫化後，日本社會開始講求成果主義，公司原有的「家庭感」消失了。話雖如此，最近許多公司行號開始致力促進情感連結。這或許是因爲人們再次發現，只要提高人與人、人與公司的情感連結，不但能增進團結力量，工作起來也倍感充實。這樣的情感連結，正可說是日本人重拾的共同體感覺。

▼以理想社會為目標的共同體感覺

擁有共同體感覺，既不是打造整天黏在一起的「好交情小圈圈」，也不是建立曖昧不明的關係。而是要去思考自己能爲共同體裡的人們做什麼，付出多少貢獻。所以，無關年齡、性別、職業、興趣或國籍，所有人必須互相尊重，互相信任。

同一個工作小組裡，即使大家興趣與年齡各不相同，共事起來卻很開心，願意思考自己能貢獻什麼，這就是共同體感覺。

共同體與機能體

	共同體	機能體
目的	待在一起很舒服 	達成外部目的 
尺度	堅固 	強大 

共同體

01 共同體感覺是用來衡量精神健康的指數

POINT ① 任何人都擁有共同體感覺。

POINT ② 在更大的共同體的立場思考。

▼秉持更大的共同體的觀點

阿德勒開始重視共同體感覺，起因是戰爭中的體驗。第一次世界大戰時，阿德勒以心理醫生的身分從軍，在戰場上深深感受到戰爭就是「濫用共同體感覺」的結果（可參考《*Alfred Adler, the Man and His Work*》，Hertha Orgler 著）。

戰爭時，國家領導人打著「全國團結」的旗幟，呼籲國民「上下同心」，打倒侵犯「本國」的敵人。這麼做，等於是爲了維護「本國」這個共同體的利益，試圖消滅其他共同體，和阿德勒提倡的共同體感覺本質大不相同。

現代社會中，不也發生著類似的事嗎？

舉例來說，因為重視家庭的情感連結，彼此體諒和彼此尊重就成了很重要的事，這個道理誰都能明白吧。

話雖如此，只為了珍惜自己一家團圓的時光，全家人唱卡啦ＯＫ到半夜，這就讓人不予置評了。家庭雖然是共同體，地方社群也是共同體。為了家庭的利益犧牲了地方社群的利益，未免太不合理。

家庭和地方社群，兩者都是重要的共同體，但兩者並非對立的存在。正確來說，家庭這個共同體，包含在地方社群這個共同體之中。

不能為了本國利益犧牲其他國家或世界整體利益也是一樣的道理。換句話說，之所以發動戰爭，是因為以「本國」這個共同體的利益為最優先，沒有去思考如何為更大的共同體「世界」付出貢獻的緣故。

一旦懂得共同體的概念，就能理解「站在更大範圍觀點思考」的重要性。比方說，在公司和主管槓上的時候，很容易只想到自己「討厭這個人」的心情。這種時候，不妨站在部門、職場或整個公司等更大範圍的共同體來思考。拉高觀點的高度，拓展視野的寬度，就能找到不需對立矛盾也能解決問題的方法。

▼人人都擁有共同體感覺

面對野生動物時，人類的體能完全勝不過對方。於是，人類為了生存，學會互助合作，建立了共同體感覺。就這層意義來說，每個人都是共同體的一份子，都該擁有對共同體付出貢獻的能力。

如果自己對共同體沒有歸屬感也沒有貢獻感，腦中只有「不想去上班」、「想離開家裡」的念頭，或許已經陷入精神上的不健康狀態。因此，共同體感覺也可說是衡量精神健康程度的指數。

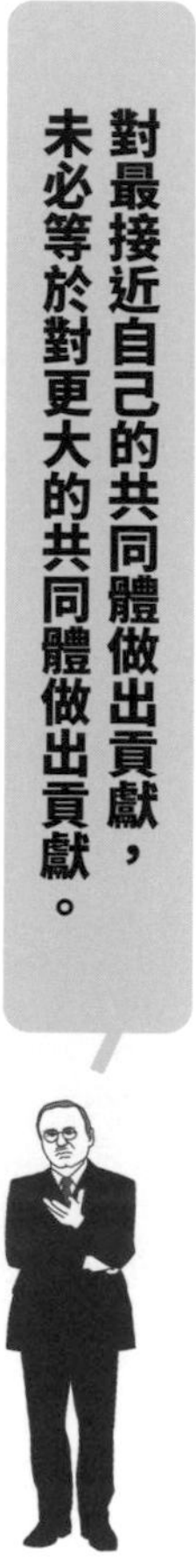
對最接近自己的共同體做出貢獻，
未必等於對更大的共同體做出貢獻。

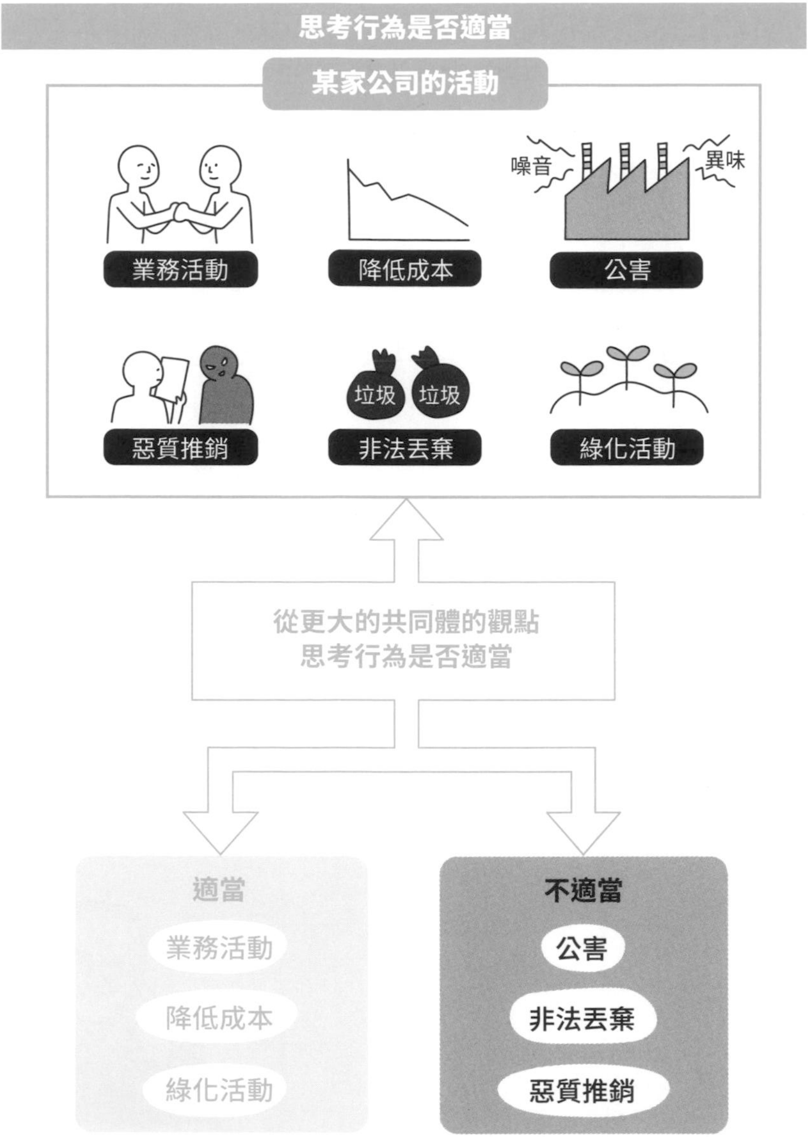
思考行為是否適當
某家公司的活動
業務活動
降低成本
噪音
異味
公害
惡質推銷
垃圾
垃圾
非法丟棄
綠化活動
從更大的共同體的觀點
思考行為是否適當
適當
業務活動
降低成本
綠化活動
不適當
公害
非法丟棄
惡質推銷

共同體感覺

02 「貢獻感」充實人生

POINT ① 共同體感覺是打開人生幸福大門的鑰匙。

POINT ② 面對人生課題時，需要擁有共同體感覺。

▼沒有共同體感覺的人會陷入孤立

共同體感覺指的是「對自己隸屬的共同體產生由歸屬感、安心感、信賴感與貢獻感總和而成的感覺或情感」。

自己是隸屬共同體的一份子，想爲共同體付出貢獻，想和身邊的人齊心協力，這種心情及態度也可說就是共同體感覺。

當我們對誰做出有用的事時，就能打從心底感受到自己的價值，擁有充實的感受。

共同體感覺就像一把鑰匙，爲我們打開通往幸福的大門。

另一方面，在阿德勒心理學中，缺乏共同體感覺的人會做出「沒有建設性的行爲」。一旦缺乏共同體感覺，對別人就會漠不關心，無法產生想與他人齊心協力或爲他人付出貢獻的念頭。因此，這樣的人在群體中將會慢慢孤立。這樣的人只關心自己，對別人毫無興趣，視野太狹隘。這也是他們做出沒有建設性行爲的原因。

相較之下，擁有共同體感覺的人，具備以下五項特徵：

❶同感、共鳴；

❷歸屬感；

❸貢獻感；

❹互相尊重，互相信賴；

❺齊心協力，互助合作。

這幾個特徵，和鼓舞勇氣的前提條件有不少重疊的地方。也可以說鼓舞勇氣和共同體感覺就如同一輛單車的兩個輪子，有著密不可分的關係，且缺一不可。也可將兩者比喻成一棵樹，只要勇氣徹底扎根，就能培育出共同體感覺。

▼和人生課題的關係是？

阿德勒認爲人生中會遇到三種課題：❶工作課題；❷交友課題；❸愛的課題。想要好好面對這些人生課題，就不能沒有共同體感覺。

無論和工作夥伴也好，和朋友也好，和人生伴侶或家人也好，某種程度在一起時感到自在愉快，能夠信賴對方，最重要的，是擁有會去思考自己能爲對方做什麼的心情。

阿德勒也認爲，正面迎向這三個課題時，也正是考驗勇氣的時刻。

「正常人在面臨人生中的課題或困難時，擁有能夠充分應對處理的勇氣。」按照阿德勒的說法，只要具備勇氣和共同體感覺，一定能克服困難。

「擁有共同體感覺的人」的五項特徵

❶同感、共鳴

對於夥伴關心的事，
自己也會感興趣。

❷歸屬感

能夠感覺到「自己是團
體的一份子」。

❸貢獻感

願意積極為夥伴
付出貢獻。

❹互相尊重，互相信賴

和與自己建立
關係的人互相
尊重、信賴。

❺齊心協力，互助合作

積極與人合作，
提供協助。

人際關係

03 讓人際關係順利的六種態度

POINT ① 沒有人能跟所有人建立滿分一百分的關係。

POINT ② 重要的是朝理想終點前進的態度。

▼沒有人能被所有人喜歡

阿德勒心理學認爲「人類所有煩惱都來自人際關係」。

雖然好的人際關係是共同體感覺不可或缺的要件，即使隸屬同一個共同體，裡面還是會有自己無論如何都不喜歡的人。很多人都爲此感到煩惱。

據說，人與人之間是否合得來，有個「二比六比二」法則。也就是說，同一個群體中，個性和自己合得來的約佔兩成，關係普通的約佔六成，無論如何個性都合不來的也佔了兩成。因此，無論隸屬哪個共同體，都會有兩成左右是自己怎麼都喜歡不了的人。

那麼，和個性合不來的人該如何相處才好呢？首先要知道，對方沒有你以爲的那麼在意你。此外，某種程度也必須「看開」。先想想對方是你眞心想要建立良好關係的對象嗎？如果「也沒那麼想……」，那麼，就和對方保持距離也是一個選項。

▼阿德勒心理學顯示的六種態度

應該沒有人能與所有人建立滿分一百分的關係。不過，如果想與特定對象建立眞正良好的關係，就需要具備以下六種態度：

❶相互尊重

重視對方的尊嚴，以禮相待。

❷相互信賴

「因爲對方在知名企業工作」、「因爲對方學歷高」、「因爲對方長得美」……和這些條件都無關，只要無條件地信賴原原本本的對方。

更不是「因爲對方尊重我、信賴我」才這麼做，要自己率先、主動，發自內心付出更深的尊重與信賴。

❸互助合作

有朝相同目標努力的意願，保持良好溝通。

❹同理、共鳴

關心對方的想法與意圖。

❺平等

接受相異，將彼此視爲對等的存在。容許每個人最大限度的自由。

❻寬容

價值觀並非絕對。重要的是不要用自己的價值觀衡量別人，不要把自己的價值觀強加在別人身上。若遇到意見不同的人，請把「事實」和「意見」分開來看。告訴自己「也有這種看法」，接受對方的意見。

相互尊重、相互信賴、互助合作、同理、平等、寬容。這六種態度能幫助我們建立更良好的人際關係。

建立更良好人際關係的六種態度

① 相互尊重

即使彼此年齡、性別、職業、嗜好或在社會上扮演的角色各不相同，每個人一定都有自己的尊嚴。我們必須接受這一點，對別人以禮相待。

② 相互信賴

找出對方行為背後的善意，無條件信賴對方。「行為」與「做出行為的人」要分開來看。

③ 互助合作

若和夥伴取得共識，決定朝同一個目標邁進，就要一起努力解決問題。

④ 同理、共鳴

關注對方身處的狀況、想法、意圖、情感等。用對方的眼睛看，用對方的耳朵聽，用對方的心感受事物。

⑤ 平等

接受每個人的不同，將對方視為對等的存在，容許每個人擁有最大限度的自由。

⑥ 寬容

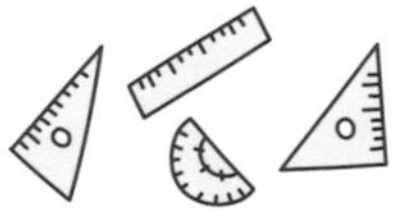

認同「自己的價值觀不是絕對」，不把自己的價值觀強加在別人身上。別人的意見就當作意見接受，不去批判或責難。

精神上的健康

04 幸福的人重視的六大重點

POINT ① 無論優點或缺點，接受原原本本的自己。

POINT ② 有自己的容身之處，能令人感到安心。

▼衡量精神是否健康的六項條件

本章第一節曾提到，共同體感覺是用來衡量精神健康的指數。那麼，「精神上的健康」指的是何種狀態呢？

對於這個問題，阿德勒心理學的回答是，滿足下列六項條件：

❶自我包容

自我包容，指的是包括自己的優點與缺點在內，接受原原本本的自己。這麼做有個前提，就是要確實清楚自己的優點和缺點是什麼。

自我包容和「自戀」很容易混淆。然而，自戀的人沒有勇氣接受自己的缺點。要達到自我包容，就必須連自己的缺點都接受。

此外，因爲能夠自我包容的人也能包容別人，在人際關係中表現出樂意協助他人，願意與人合作的態度。相較之下，自戀的人只想著自己，無法包容其他人。自戀的人內心若出現「我比這傢伙強」的念頭，就會表現出競爭、高壓的態度，若內心出現「我比不上這個人」的念頭，就會採取逃避、閃躲的態度，或比平常表現得更低姿態。

❷歸屬感

歸屬感就是感受到自己有容身之處，在容身之處能夠安心。人只要擁有像這樣的容身之處，重要時刻就得以發揮自己的力量。

精神上不健康的人，總覺得自己沒有容身之處，到哪裡都與人疏離，格格不入。

❸信賴感

這裡的信賴感，指的是「能否信賴隸屬同一共同體的人」。唯有信賴對方，才能建立互助合作的關係。和不信任的人應該無法互助合作吧。如果不信賴身邊的人，自己也會表露出敵意，這樣就稱不上是精神健康的狀態了。

❹貢獻感

能夠具備貢獻感，就看是否積極主動，做出對別人有用或在共同體內派得上用場的事。阿德勒的學生華特・貝蘭・華夫（W.B. Wolfe）在其著作《*How to be Happy Though Human*》中提到，衡量幸福與否最確實的指標，就是看自己「是否對誰有用」，「是否有誰等著自己」。這裡的幸福不是來自Having（豐饒的物質），也不是來自Being（頭銜或地位），而是來自Doing（貢獻）。

❺責任感

責任與權利就像一枚硬幣的兩面，沒有責任就沒有權利。另外，如果自己想行使權利，當然也必須認同對方的權利。

❻勇氣

克服困難的活力。

滿足六項條件，獲得精神健康

① 自我包容
- ▶就算自己有缺點，也要包容自己。
- ▶清楚自己的優點和缺點。

② 歸屬感
- ▶感受到自己有容身之處。
- ▶這個容身之處能帶來安心感。

③ 信賴感
- ▶信賴別人。
- ▶願意和信賴的對象互助合作。

④ 貢獻感
- ▶積極主動去做對他人有用的事。

⑤ 責任感
- ▶自己行使權利的同時，也伴隨著應負的責任。
- ▶認同別人和自己有對等的權利。

⑥ 勇氣
- ▶擁有克服困難的活力。
- ▶有勇氣接受自己的不完美。

理想

05 與其怨歎無力，不如追求理想

POINT ① 精神上是否健康，由自己的主觀決定。

POINT ② 接受不完美的自己也是一種勇氣。

▼由自己的主觀決定

前述介紹過「精神健康的六項條件」，在此再複習一次。自我包容、歸屬感、信賴感、貢獻感、責任感、勇氣。六項條件中，有四項帶有「感」這個字。

這或許是因為，這些條件沒有「客觀的尺度」。換句話說，「自己是否處於精神健康的狀態」，充其量只能靠自己的感受判斷，由自己的主觀決定。

舉例來說，有些人受到病魔侵襲時，精神會跟著耗弱。另一方面，也有人即使受到病魔襲擊，甚至失去財產，依然能保持精神健康。

相反的例子是，有些人就算身處令旁人稱羨的優渥狀況中，精神還是不健康。這就表示，無論身處的狀況等外部因素如何，判斷自己精神健康與否的，還是以自己的感受爲主。

▼正因理想，所以追求

阿德勒心理學追求理想狀態的傾向非常強烈，這種追求理想的極致表現，就是「共同體感覺」。前述介紹的「滿足精神健康的六項條件」也是如此。

然而事實上，很少人能完美達到阿德勒心理學視爲理想的「精神健康」。阿德勒心理學追求的理想只是理想境界，和現實不同。畢竟，每個人都有不擅長的事及缺點，這是天經地義的事。

但是，正因我們「清楚知道理想狀態是什麼」，才能以此爲目標不斷前進。

要是不知該往哪個方向走，人們只會在半途中迷路，甚至走投無路。可是，只要有一道光照進黑暗，告訴我們「這就是理想，是最佳狀態」，我們就可以朝那一點光亮的方向前進。

本書一直強調「勇氣就是克服困難的活力」。現在還要加上另外一點，「接受不完美」也是一種勇氣。

正視不完美的自己，不過度責備自己，從而接受自己。這麼一來，就能用自己的雙手打造自己的未來（＝自我決定性），建立強大的自信，持續努力追求理想。當自己經歷一番改變後，就能蛻變成「自己想成爲的模樣」。

就是因爲現在還不完美，所以才能朝完美的目標邁進。正因如此，「不要責備現在還不完美的自己，接受自己」成了非常重要的事。

想達到精神上健康，必須持續追求，努力維持。

如何達到精神上的健康

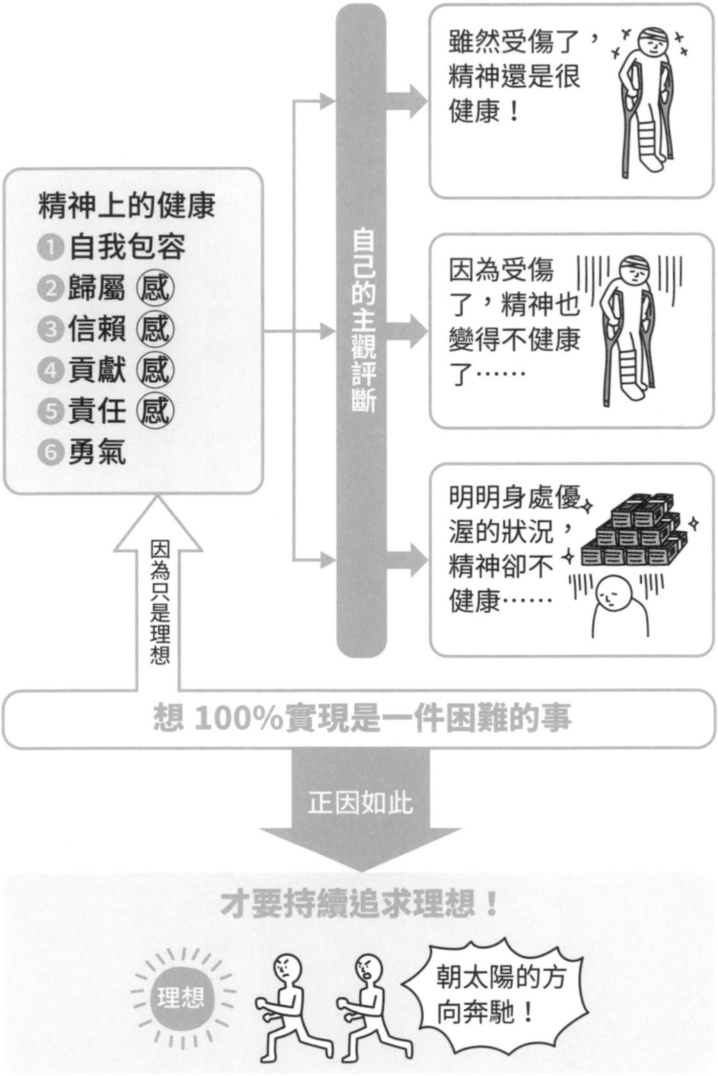
精神上的健康
1 自我包容
2 歸屬感
3 信賴感
4 貢獻感
5 責任感
6 勇氣
自己的主觀評斷
雖然受傷了，精神還是很健康！
因為受傷了，精神也變得不健康了……
明明身處優渥的狀況，精神卻不健康……
因為只是理想
想 100%實現是一件困難的事
正因如此
才要持續追求理想！
理想
朝太陽的方向奔馳！

Column5

和寵物或外星人之間也能擁有共同體感覺？

阿德勒心理學的內容，未必完全來自阿德勒本人說過的話。

事實上，關於「共同體感覺」，阿德勒自身講述過的內容就跟現代阿德勒心理學的解釋有些不同。

在提到共同體感覺時，阿德勒曾說「從過去到現在，不只包括人類，更包括所有活著的生物在內，共同體感覺甚至可以是與無生物或宇宙之間產生連結的感覺。」（引用自《認識人性》（*Menschenkenntnis*）一書）。

毋庸置疑的，為未來守護環境當然可說是某種共同體感覺。

然而，聽到要和遙遠太空中的外星人或寵物、植物建立共同體感覺，對大部分人來說，或許是很難理解的事。

◆選擇廣義派或狹義派是個人的自由

另一方面，阿德勒的學生德瑞克斯則認為，共同體感覺是「對我們隸屬的，只以人類構成的共同體產生的歸屬感及貢獻感」。由此可知，他把共同體感覺定義在狹義的範圍內。

但是，這也不代表誰的說法一定是正確答案。只能說，阿德勒心理學中有廣義派，也有狹義派。

有些人對無生物也能產生共同體感覺，也有人因為宗教信仰的緣故，對宇宙抱持著共同體感覺。

不管怎麼說，每個人的共同體感覺都不盡相同，只要選擇自己能感到歸屬感的共同體，對這個共同體付出貢獻就好了。

阿德勒心理學 習題⑤

問題 1 共同體的特徵是？

A **待在裡面感到自在舒服。**

B **對目標有共識。**

問題 2 衡量精神健康的指數是？

A **自己的情緒。**

B **共同體感覺。**

答案
問題 1：A（→ 148 頁）
問題 2：B（→ 152 頁）

問題 3 何者能充實人生？

A 擁有貢獻感。

B 擁有怨恨感。

問題 4 如何建立良好人際關係？

A 等待對方信賴自己。

B 率先主動信賴對方。

答案
問題 3：A（→ 156 頁）
問題 4：B（→ 160 頁）

問題 5 何謂自我包容？

A **無論優點或缺點都接受。**

B **只看自己的優點。**

問題 6 何謂共同體感覺？

A **立刻能實行的基礎。**

B **追求的理想。**

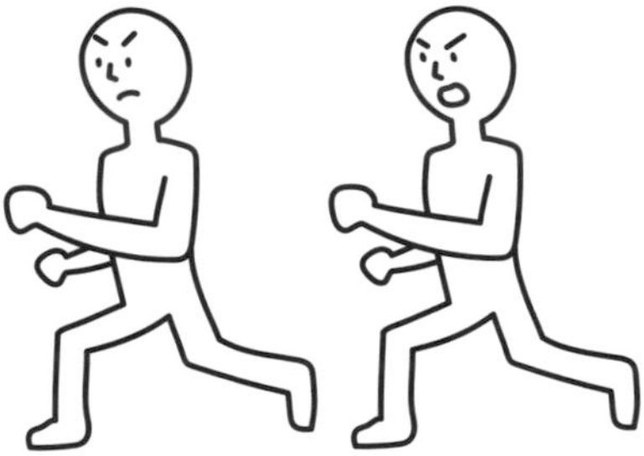

答案
問題 5：A（→ 164 頁）
問題 6：B（→ 168 頁）

Chapter 6

在日常生活中運用阿德勒心理學

阿德勒心理學
必須實踐才有意義。

讓阿德勒心理學在日常生活中派上用場吧！

▼令人茅塞頓開的阿德勒心理學

前面強調過許多次，阿德勒心理學非常重視共同體感覺。

爲了擁有共同體感覺，必須先克服人生課題。

當然，在這過程中一定會遇到許多困難。

克服這些困難的活力即爲「勇氣」，賦予我們這些勇氣的方法，就是「鼓舞勇氣」。

或許可以說，邁向幸福的第一步就是鼓舞勇氣。這也是爲什麼，阿德勒心理學總被稱爲「勇氣心理學」。

光是能獲得這個知識，已非常值得我們學習阿德勒心理學。透過阿德勒心理學的學習，有助於打破人際關係與自我感情的偏見及錯誤信念。

阿德勒心理學也有嚴格的一面

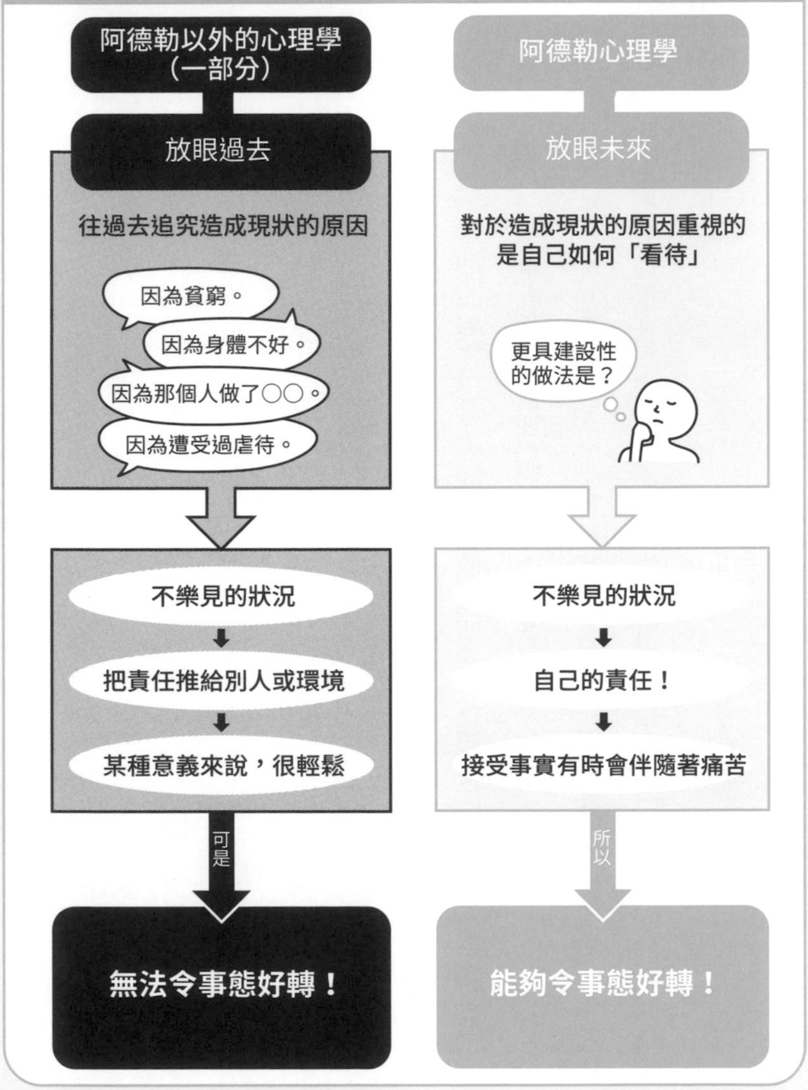

阿德勒以外的心理學（一部分）
放眼過去
往過去追究造成現狀的原因
因為貧窮。
因為身體不好。
因為那個人做了○○。
因為遭受過虐待。
不樂見的狀況
把責任推給別人或環境
某種意義來說，很輕鬆
可是
無法令事態好轉！
阿德勒心理學
放眼未來
對於造成現狀的原因重視的是自己如何「看待」
更具建設性的做法是？
不樂見的狀況
自己的責任！
接受事實有時會伴隨著痛苦
所以
能夠令事態好轉！

▼藉由「鼓舞勇氣的心理學」放眼未來

此外，阿德勒心理學也有嚴格的一面。

舉例來說，自我決定性（第三章第一節）就是一種認為「自己的言行舉止自己負責，不能把責任轉嫁到生長環境或周遭人際關係」的思考方式。

今天的自己是過去的自己造成的。所以，不能把責任推到別人身上，必須對眼前的狀況負起責任——這就是阿德勒給我們的教誨。

「都是○○的錯」，這個想法可以逃避自我責任，固然比較輕鬆，可是，如果不能丟掉這種想法，就不可能改變自己。不怪罪其他任何人，負起責任承認「今天的自己是過去的自己所造成」，唯有如此才能放眼未來，改變自己。

阿德勒心理學不能光是理解，還必須付諸實踐，否則一點意義都沒有。第六章收集了許多如何讓阿德勒心理學在日常生活派上用場的啟發。把在這一章中學到的知識落實於生活中，加以活用吧！

阿德勒心理學最重要的是「理解＋實踐」

**學會
正確知識**

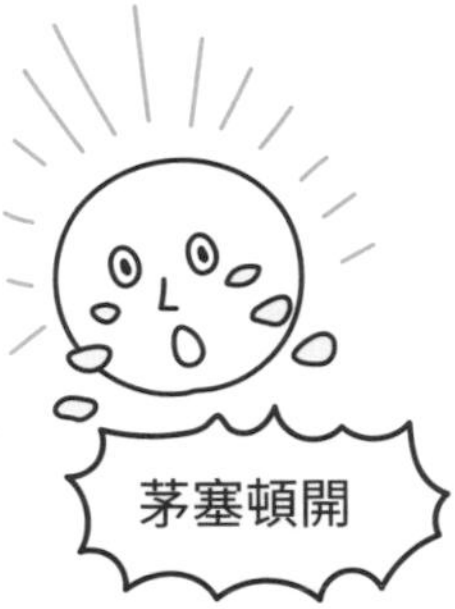

＋

**在生活中
實踐**

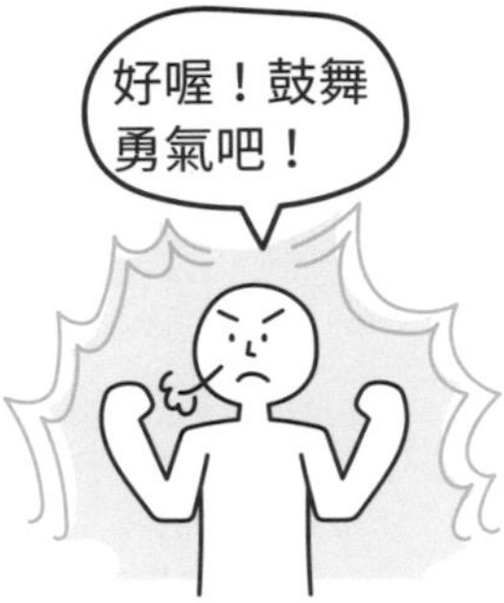

＝

光明的未來

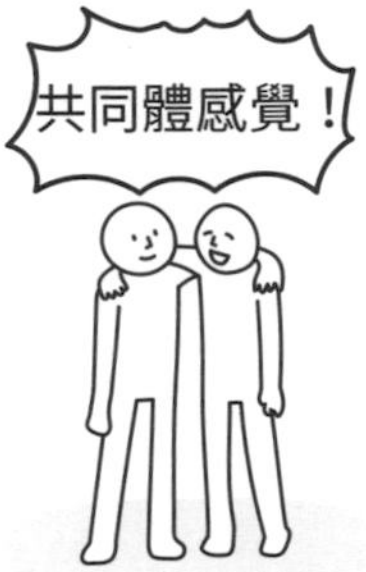

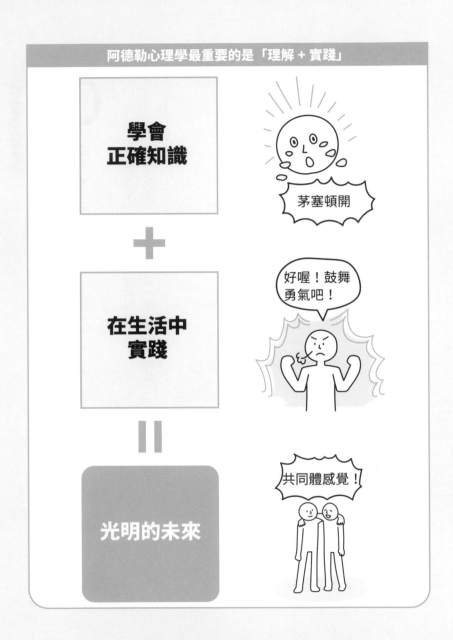

01 和憤怒焦慮好好相處

POINT ① 得以抑制憤怒的情感。

POINT ② 憤怒背後有另一種「第一層情感」。

▼憤怒可以抑制

「憤怒的情緒是突發性的東西，所以無法抑制。」有人這麼說。

但是，阿德勒心理學否定這個說法。在阿德勒心理學中，憤怒是可能抑制的情感。

比方說，得知一位你視爲摯友的朋友在背地裡說你的壞話，會感到受傷是理所當然的吧？

假設就在你因爲這件事，憤憤不平地想著「開什麼玩笑！」，情緒一觸即發的狀況下，有人打電話來。對方是公司的重要客戶，接起電話的你，當然會用開朗的聲音寒暄說道「您好！感謝您平日的關照。」

上一秒還以爲即將爆發、無可抑制的怒氣，在看到客戶打來電話的瞬間，立刻就收斂了。如果憤怒是一種無法抑制的情感，你應該會把這股怒氣發洩在打電話來的客戶身上才對吧？

那麼，爲什麼接起電話的你不會對客戶說出感情用事的話呢？這是因爲，人類懂得選擇發洩怒氣的對象。

換句話說，生氣都有目的。

▼察覺憤怒背後的情感

其實，「憤怒背後」隱藏著另一種情感。憤怒是第二層情感，背後一定還存在著另一種導致憤怒的「第一層情感」。光是能察覺憤怒背後的第一層情感，就能讓溝通變得更圓融。

回到剛才得知摯友講自己壞話而憤怒的例子。追根究柢，憤怒的原因應該來自對摯友的「失望」。

原本那麼信賴的朋友，絕對不可能講自己的壞話。

正因對他曾有這樣的「期待」，當這份期待遭到背叛時，才會產生「失望」的心情，進而導致第二層的「憤怒」情感。

覺得「怒氣無法抑制」時，請客觀檢視自己的憤怒背後藏著什麼樣的情感。察覺第一層情感後，請用「I（我）訊息」向對方表達（第四章第六節）。

「聽到你背地裡說了（我的）壞話，（我）覺得大受打擊。今後對我有什麼意見，希望可以直接告訴我。」

與其把怒氣發洩在對方身上，不如這麼做，表達心情的效果會更好。

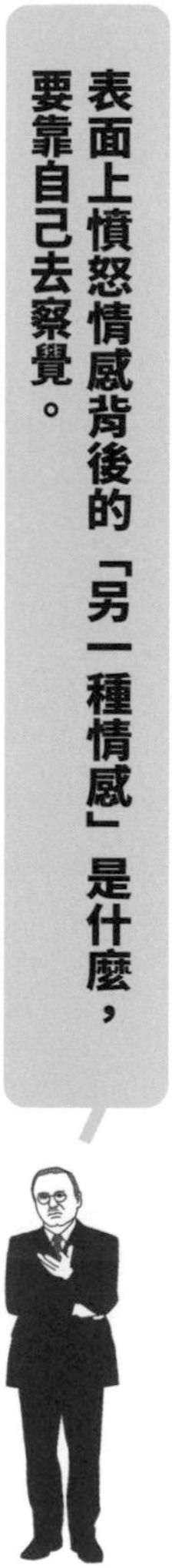
表面上憤怒情感背後的「另一種情感」是什麼，
要靠自己去察覺。

憤怒是第二層情感

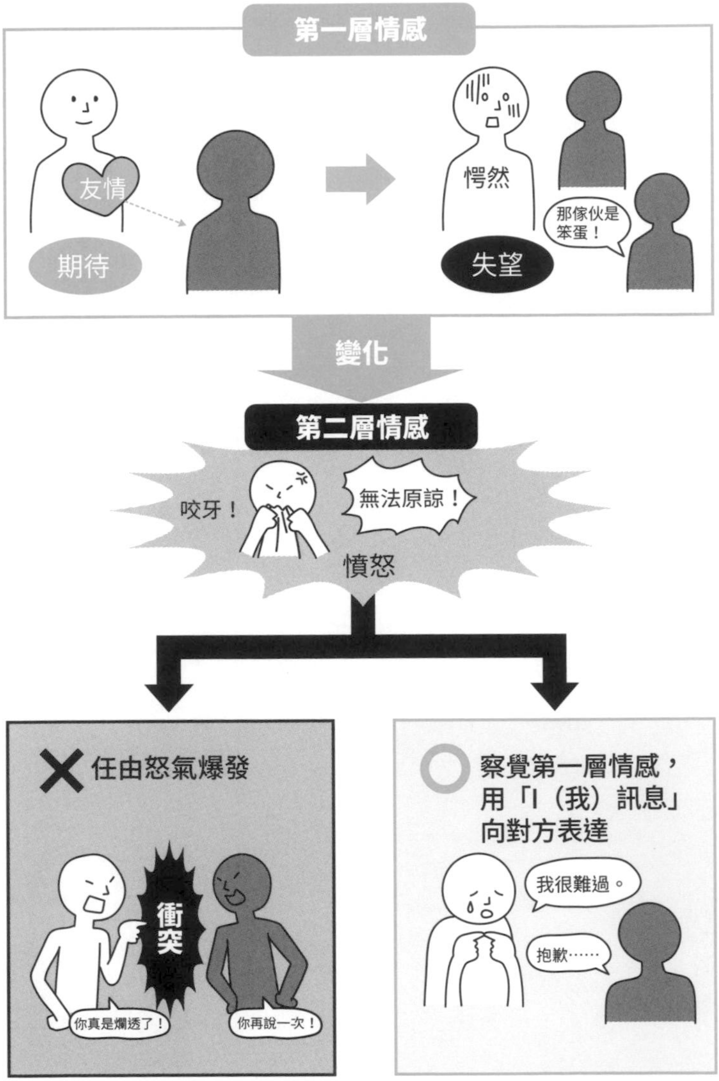

第一層情感
友情
期待
愕然
那傢伙是
笨蛋！
失望
變化
第二層情感
咬牙！
無法原諒！
憤怒
任由怒氣爆發
衝突
你真是爛透了！
你再說一次！
察覺第一層情感，
用「I（我）訊息」
向對方表達
我很難過。
抱歉……

重新架構

02 因為無法喜歡自己而沮喪時怎麼辦

POINT ① 老是想著缺點，就會變得消極。

POINT ② 把缺點講成優點。

▼為什麼會消極？

「覺得自己毫無優點可言。」

「像我這種人，沒有值得自豪的地方。」

很多人都像這樣說著負面消極的話。要是請這樣的人舉出自己的缺點，可以滔滔不絕講出一大堆。

「決定任何事都優柔寡斷。」

「沒有耐力。」

「意志力薄弱，做什麼事都無法持續。」

老是想著自己的缺點，當然會變成一個消極負面的人。

▼擺脫框架，改變架構

那麼，老是想著自己缺點的人該如何讓自己積極正面呢？

對於這個問題，阿德勒心理學的答案如下：

「重要的不是擁有什麼，而是如何使用擁有的東西。」

我們每個人都有各自的特徵。老是把特徵視為缺點，當然會陷入負面消極之中。

然而，只要去看特徵好的那一面，就能轉為正面積極。不把現在擁有的特徵視為缺點，必須重新把它視為優點來理解。

舉前面的例子來說，換個看法，「優柔寡斷」也可以說是「不隨便下決定」。「沒有耐力」的另一面不就是「適應力強，轉換得快」嗎？「無法持續做一件事」的煩惱，可以解釋為「好奇心旺盛」。「頑固」的人也可以重新定義為「信念堅定」。

像這樣擺脫原本的思考框架，我們稱之為重新架構。某人的缺點或正面臨的危機狀況，只要經過重新架構，就能改變看法，變成優點或轉機。換句話說，眼前的狀況是正面還是負面，端看自己的思考框架如何架構。

重新架構後，看見許多自己的優點，就能爲自己鼓舞勇氣。這個做法不只可以用在自己身上，也能套用在別人身上。

把別人的特徵看成缺點，就會一直感到在意，對對方留下負面印象。這時，只要把乍看之下是缺點的特徵置換爲優點，對方給你的印象就會改變，人際關係也會變好。

無論是自己的事還是別人的事，重要的是如何定義。學會重新架構思考框架的方法，找到人與事物好的一面，把缺點和危機轉變爲優點與轉機吧。

重新架構思考，讓缺點變成優點吧！

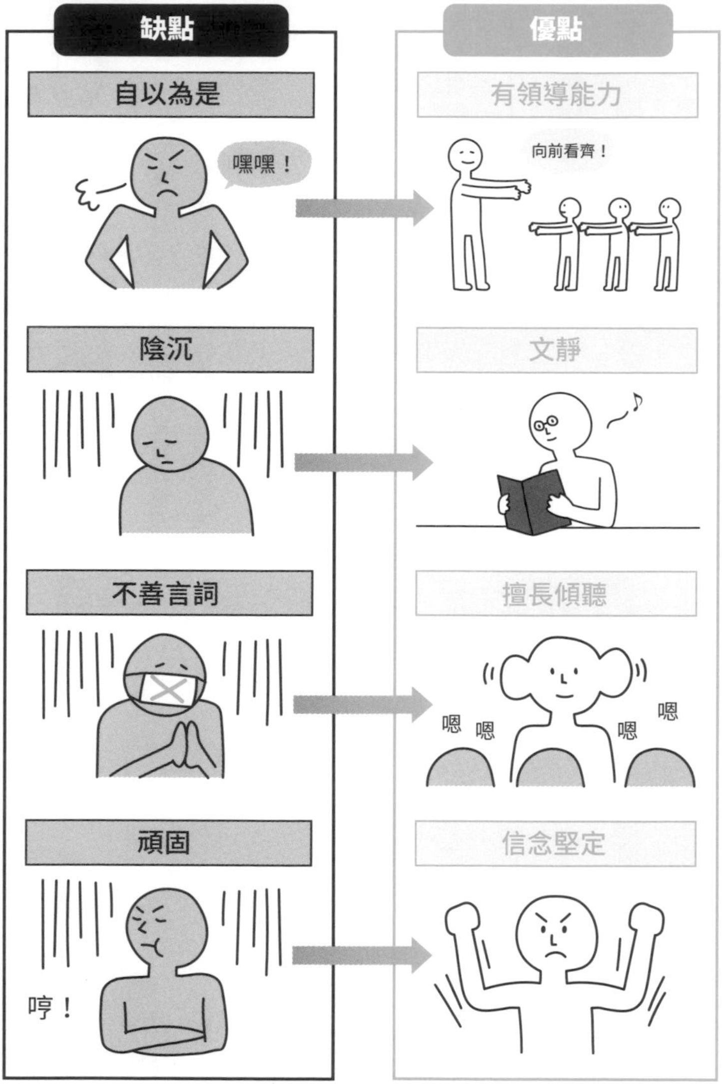
缺點
優點
自以為是
嘿嘿！
有領導能力
向前看齊！
陰沉
文靜
不善言詞
擅長傾聽
嗯
嗯
嗯
嗯
頑固
哼！
信念堅定

他人與自己

03 逛社群網站也無法放鬆時怎麼辦

POINT ① 拿別人的貼文或評論沒辦法。

POINT ② 專注在自己能做的事情上。

▼為什麼社群網站讓人心累？

透過社群網站，可以和朋友或網友在網路上輕鬆交流。現代社會中，社群網站已經成爲生活中不可或缺的東西。包括與失聯的朋友重拾交情在內，相信很多人都實際感受過社群網站帶來的好處。

然而，隨著社群網站的普及，愈來愈多人表示對社群網站開始感到心累。雖然是方便的工具，要是造成精神上的不良影響，就稱不上是具有建設性的使用方式了。

爲什麼社群網站會令人心累呢？原因之一，就在於「過度介意別人的評價」。

「別人看了我的貼文，不知道會怎麼想。」

「得幫朋友按『讚』才行……」

「看到別人交遊廣闊的樣子，或是和戀人開心度過的貼文，難免有點嫉妒。」

就像這樣，在社群網站上，我們有時在意別人眼中的自己，有時不由自主拿自己跟別人比較，難怪會覺得心累。

▼自己是自己，別人是別人

想要善用社群網站，最重要的是「課題分離」的概念（第四章第五節）。簡單來說，就是把自己的課題和別人的課題分開來看。

貼文的內容要寫什麼，這是自己的課題。只要提醒自己不寫出傷人文字與過度負面灰暗的東西，遵守基本網路規則就可以了。

不過，看了你的貼文會產生什麼想法，這是別人的課題，不是你的課題。任何貼文都有可能讓某人不開心，同時也會有人讚賞。但是別人如何評價，就不是自己能掌控的事了。

別人的貼文內容也一樣。就算自己「不想看到這類貼文」，別人想寫什麼樣的內容，不是自己可以掌控的事。

但是，自己能掌控的還有很多。比方說，乾脆不要玩社群網站，或是只看交情好的朋友貼文。

別人和自己的人生風格不一樣。如果羨慕別人有很多朋友，不妨重新檢視自己對交友這件事的價值觀。

對自己來說，一個人獨處的時間也很重要。檢視過後做出這個結論的話，就沒必要羨慕別人能和朋友開心度過。如果自己也想和很多朋友玩在一起，不如把這份自卑感拿來當作動力，努力去交更多朋友。

自己是自己，別人是別人。
沒必要與人比較又為此苦惱。

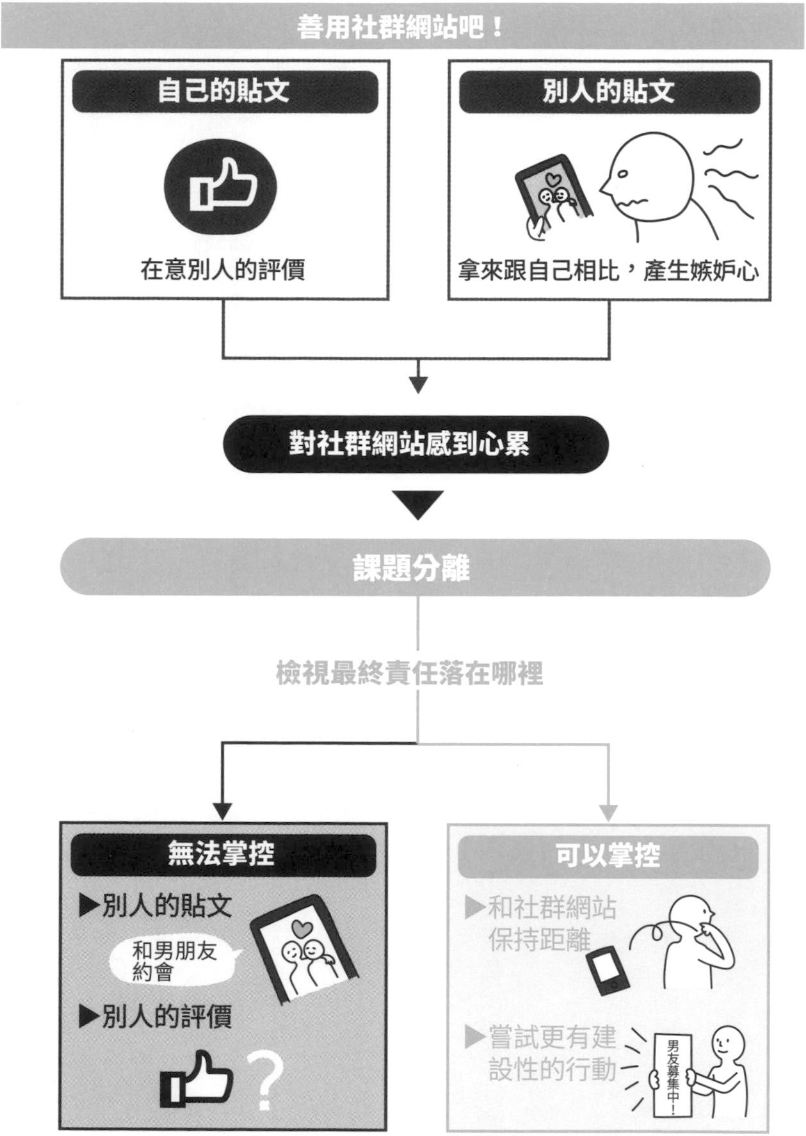
善用社群網站吧！
自己的貼文
在意別人的評價
別人的貼文
拿來跟自己相比，產生嫉妒心
對社群網站感到心累
課題分離
檢視最終責任落在哪裡
無法掌控
▶別人的貼文
和男朋友約會
▶別人的評價
可以掌控
▶和社群網站保持距離
▶嘗試更有建設性的行動
男友募集中！

04 接受商量卻打壞關係時怎麼辦

POINT① 同情會使關係惡化。

POINT② 站在對方的角度看事情，才有可能同感。

▼明明已經付出了同情，為何還是鬧翻？

假設一位和你交情不錯的朋友受到家暴，差點發生意外，因爲事態嚴重，來找你商量該怎麼辦。這種時候，你應該會同情對方，覺得對方「好可憐」。

或許有人認爲，「同情」就是朋友該做的事。事實上，一旦付出了同情，處於低潮狀態的對方就會開始依賴你，兩人之間的關係更有可能因此惡化。這是因爲同情始於憐憫，會令彼此關係轉變爲「支配的一方」與「被支配的一方」。

被同情的人無論如何都會依賴起同情自己的人，這麼一來，同情的一方也會開始覺得「自己很可靠」，從中產生成就感。

這樣的狀況持續下去，會釀成不健全的相互依賴關係。要是不能修復爲從前的對等關係，最後很可能就會鬧翻。

爲了避免事情演變成這樣，重要的是用「同感」取代「同情」。

▼同感和同情是兩回事

同感和同情有什麼不同呢？大致上有以下四個不同：

❶關係

如果是同感，彼此站的是對等的立場。相互尊重、相互信賴的關係得以成立。相較之下，同情則有一方居於上風，彼此之間成立的是支配與依賴的關係。

❷關注

同感關注的目標是對方。阿德勒說同感是「用對方的眼睛看，用對方的耳朵聽，用對方的心去感受」。

相較之下，同情關注的目標是自己。無法站在對方的立場，只是一味「覺得對方好可憐」，陶醉於高人一等的自己。

❸情感

因爲同感是一種信賴關係，就算對方想依賴你，你還是能掌控自己。如果換成同情，爲了確保自己居於上風的優勢，很容易掌控不住自己的情感。

❹距離

與對方同感時，彼此的心會靠得愈來愈近。換作只是同情對方的狀況（起初雖然看似形影不離），很快就會分離成上下關係。

同感最重要的，是試著站在對方立場設想的態度。還有一點也很重要，那就是不要過度干涉對方。只要能注意這點，付出同感，人際關係就會愈來愈好。

用對方的眼睛看，用對方的耳朵聽，用對方的心去感受。

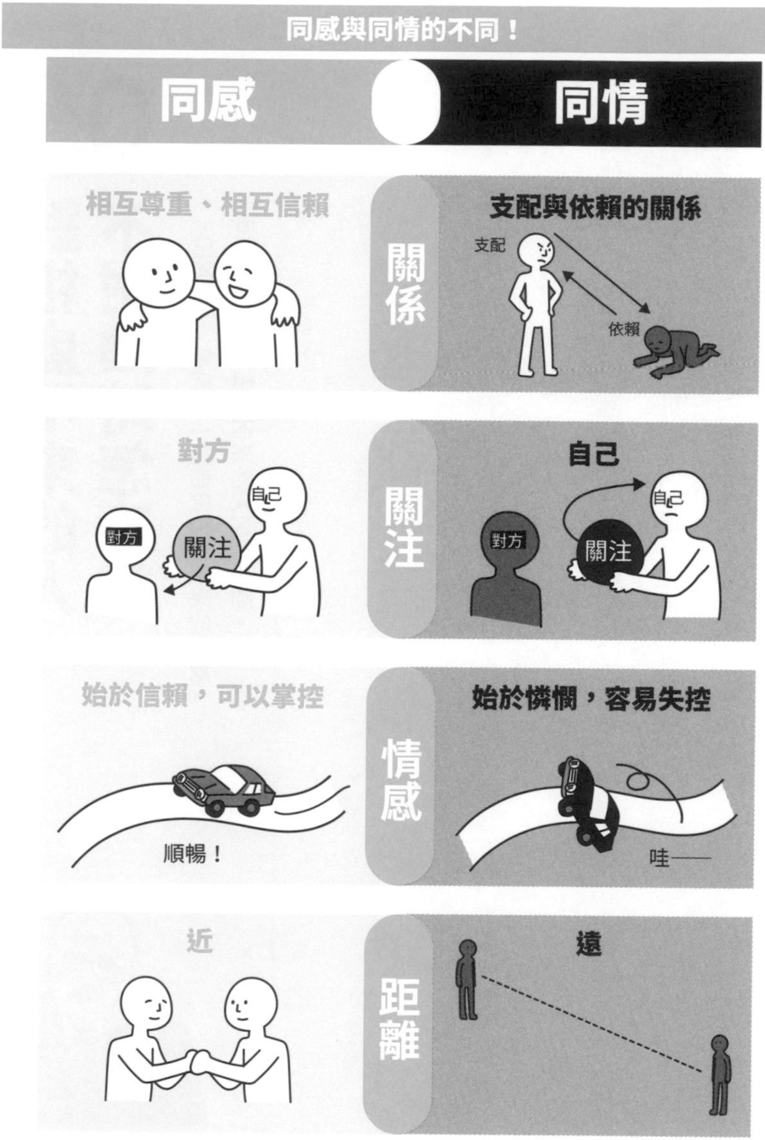
同感與同情的不同！
同感
同情
相互尊重、相互信賴
關係
支配與依賴的關係
支配
依賴
對方
自己
對方
關注
關注
自己
自己
對方
關注
始於信賴，可以掌控
順暢！
情感
始於憐憫，容易失控
哇——
近
距離
遠

尊敬

05 對相處不來的人不耐煩時怎麼辦

POINT ① 每個人一定都有相處不來的對象。

POINT ② 和相處不來的人保持距離。

▼誰都會有相處不來的對象

在公司工作的話，即使找工作時能選擇公司，會分發到哪個部門，和什麼人共事，就不是自己能選擇的事了。

這一點在學校也一樣，就算能選擇讀哪所學校，班級、同班同學和老師都無法選擇，這也是無可奈何的事。因此，往往容易產生下面這些煩惱：

「在職場（或班上）有我討厭的人，覺得很煩。」

「不知道怎麼跟合不來的人相處。」

其中甚至有些人演變爲怨恨對方。

然而，即使重新換工作或學校，相處不來的人依然不會消失。

想想「二比六比二」法則（第五章第三節）。身邊的人，個性和自己合得來的約佔兩成，關係普通的約佔六成，無論如何個性都合不來的也佔了兩成。

一如無論如何都有自己合不來的人，也可以解釋爲「群體中每個人都有兩成左右合不來的對象」。有些人看起來好像跟誰都合得來，其實這種人也有他相處不來的對象。

要是煩惱著不知道該如何跟合不來的人相處，請先想起這個事實吧——

「不管在哪裡，任何人都有相處不來的對象」。

只要想起這個事實，心情就會輕鬆許多。

▼和合不來的人要怎麼相處？

在「二比六比二」法則的前提下，得到的結論是——無論我們多努力，處不來的對象也不可能消失。事實上，阿德勒心理學根本沒有要我們去喜歡合不來的人。

不過，阿德勒心理學倒是指點了與合不來的人好好相處的方法。關鍵字是「共同體感覺」。只要擁有共同體感覺，即使是合不來的人，也能將對方視爲「對共同體有所貢獻的夥伴」，至少能夠尊重對方。

若對方表現出討厭自己的態度，要對這樣的人抱持好感當然很難。但是，如果自己也對此憤憤不平，回報討厭對方的態度，只會讓彼此關係惡化而已。

爲了取得內心的平靜，請告訴自己「無論對方怎麼樣都尊重對方，一起爲共同體做出貢獻吧」。保持適當距離也可以，只要好好打招呼，不要做出失禮的舉動，關係就不會比現在更惡化。

任何共同體中都會有自己合不來的人。
好好重視共同體感覺吧！

每個人都會有合不來的對象

二比六比二法則

2：6：2

個性合得來的人　　關係普通的人　　個性合不來的人

如何與合不來的人相處

勿忘共同體感覺！

試著積極建立關係

有時也能改善彼此的關係

保持距離，態度不失禮

「乾脆看開」也很重要

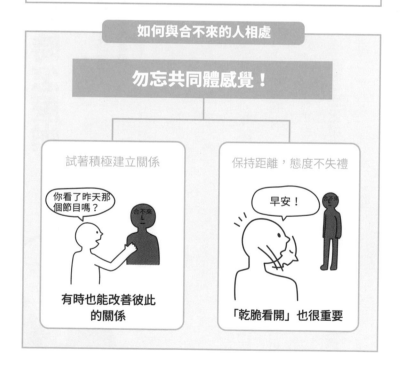

愛的課題

06 談不了戀愛時怎麼辦

POINT ① 愛的課題是成長的機會。

POINT ② 不可能受所有人喜愛。

▼面對愛的課題，讓自己有所成長

近年，據說日本社會的年輕人漸漸遠離戀愛。事實上，二〇一五年發表的《出生動向基本調查》資料就顯示，未婚而沒有交往對象的人，男性佔百分之六十九點八，將近七成，女性佔百分之五十九點一，將近六成，且有年年增加的趨勢。

這個現象的背後，展現的或許是「不想在戀愛中受傷」的想法。「一個人比較輕鬆」，這麼想的人愈來愈多。

但是，在人生中逃避伴侶課題是一件不自然的事。

阿德勒心理學將「愛的課題」視為人生課題之一（第一章第一節）。正視「愛的課題」，是自己成長的大好機會。只因為害怕受傷就逃避這方面的人際關係，很可能就此錯過讓自己成長的機會。

▼要不要喜歡自己是對方的課題

即使喜歡上誰，也會擔心被對方拒絕，陷入害怕受傷的恐懼中。這或許是出於「希望所有人都能喜歡自己」的想法。

然而，想想前面提到的「二比六比二」法則，很快就會發現——對方是否喜歡自己，不是自己能掌控的事。

被喜歡的人討厭當然很痛苦。

但是，只要用「課題分離」的方式思考就能明白，我們無法掌控對方的感情。對方要不要喜歡你，說到底還是對方的課題。

然而，自己的感情和行動是自己可以掌控的。

把喜歡的心情告訴喜歡的人，就算對方不喜歡自己，也能夠把這份心情轉換為成長的養分。告白的結果有可能被拒絕。可是，就算被拒絕，也不等於「自己這個人的本質」全部被否定。

歷史上不存在被所有人喜歡的人。被所有人喜歡是不可能的事。再受歡迎的明星，一定也會有觀眾不喜歡。

另一方面，「所有人都討厭我」也一樣是不切實際的幻想。不被任何人所愛一樣是不可能的事。

要是害怕被對方拒絕就什麼都不做，我們將會無法往前進。乾脆這麼豁達地想，「被拒絕也是無可奈何的事」，跟合得來的人結合的機會才會到來。

當然，交往、結婚後還是會出現各種問題。只要能夠克服這些問題，就會更加成長。

在戀愛這件事上的課題分離

自己的課題

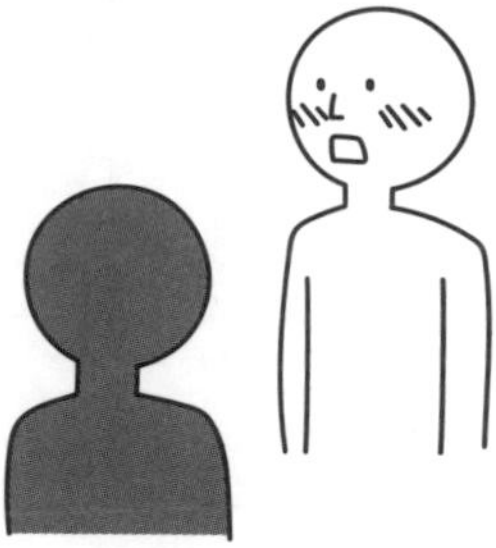

體驗「喜歡」的心情
把「喜歡的心情」告訴對方

把失戀當成成長的養分

對方的課題

對方喜歡自己

對方不喜歡自己

樂觀主義

07 職場上有人愛抱怨時怎麼辦

POINT ① 職場上的抱怨會令人提不起勁工作。

POINT ② 刻意對抱怨視若無睹。

▼抱怨會讓其他人提不起勁工作

「憑什麼我就得做這麼多？」

「太忙了，好累。」

「那傢伙下的指令太爛了，事情才會變成這樣。」

你或許也在職場上聽過類似的抱怨。忙碌的日子一多，就很容易聽見抱怨。可是，工作時老是聽到抱怨，職場的氣氛會變得沉重起來。以結果來說，職場氣氛受到抱怨的影響變得悲觀，自己也提不起幹勁工作了。

這種時候，我們能做的就是，至少盡可能讓自己保持樂觀。十九世紀活躍到二十世紀的法國哲學家阿蘭（Alain。原名 Émile-Auguste Chartier）在其著作《論幸福》（*Propos sur le Bonheur*）中這麼說：

「悲觀主義來自心情，樂觀主義來自意志力。」

天氣一陰沉下來，心情就跟著灰暗，陷入悲觀之中。這種經驗應該很多人都曾有過。可是，無論天氣或職場氣氛再怎麼陰沉灰暗，只要自己這麼想就好了：

「今天一天也要好好加油！」

這麼一想，心情就會樂觀起來。所以說到底，最重要的還是自己的想法。

▼刻意對抱怨視若無睹

抱怨的人或許只是希望有人聽他說。不過，只要不去關注抱怨的人，至少他就不會在你面前抱怨了。

要不要對抱怨視若無睹，是自己可以決定的事。把對方的抱怨想成蟬鳴聲，心情可能會輕鬆一點。

但是，如果你是帶領團隊的主管，就不能只是這麼做。這種時候，千萬不可流於情緒，重要的是無論如何都要保持冷靜的態度，向抱怨的部下具體提出要求。

「你工作的成果值得嘉許，但是這四天一直重複○○這句話，已經有五位同仁來反映這樣影響到他們的工作情緒了。請你也要正視這一點。」

不妨像這樣表達。提出具體的數字和指示，部下也會意識到自己做的事，對發言的內容及場合多所顧慮。除了糾正之外，如果能再提一提對方的優點會更好（第四章第一節）。

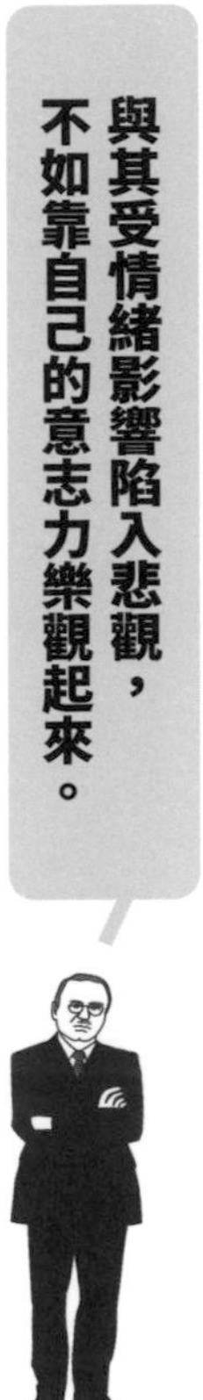
與其受情緒影響陷入悲觀，
不如靠自己的意志力樂觀起來。

如何應付愛抱怨的人

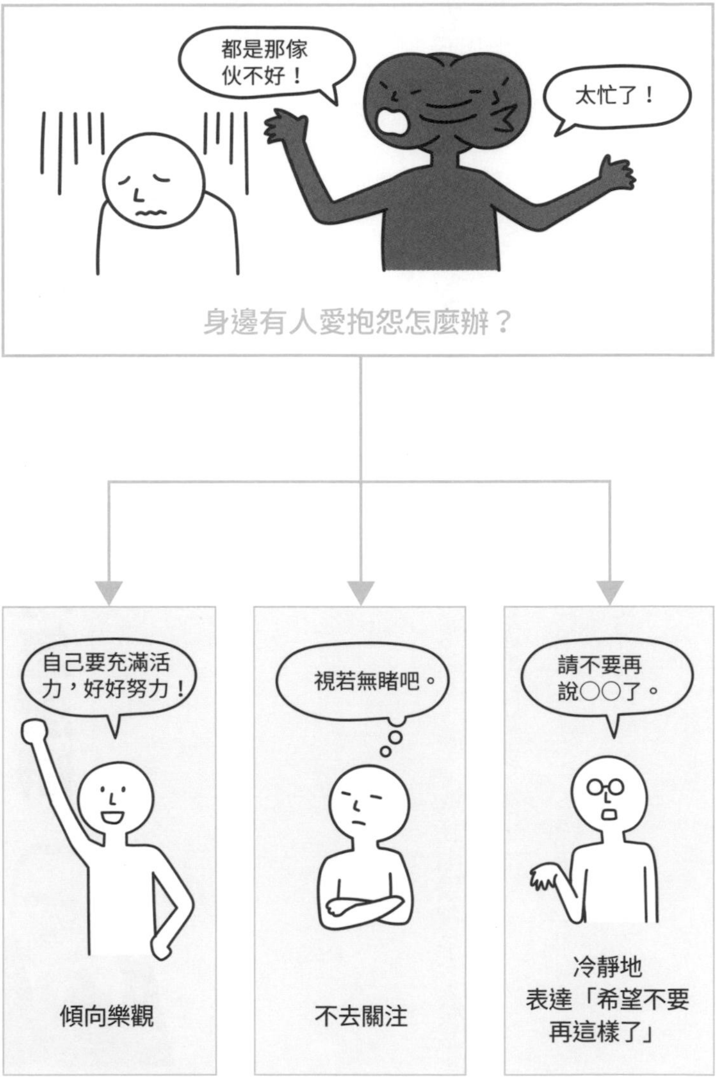
都是那傢伙不好！
太忙了！
身邊有人愛抱怨怎麼辦？
自己要充滿活力，好好努力！
視若無睹吧。
請不要再說○○了。
傾向樂觀
不去關注
冷靜地表達「希望不要再這樣了」

自然發展的後果與講道理的後果

08 忍不住干涉孩子時怎麼辦

POINT ① 過度保護與過度干涉都不行。

POINT ② 讓孩子從親身體驗中學習。

▼什麼是過度保護與過度干涉

忍不住對孩子說的話、做的事插嘴或插手的父母應該不少吧。或許因爲孩子不聽話，惹得父母很火大，可是，父母這樣的行爲有可能導致過度保護或過度干涉。

過度保護、過度干涉是什麼意思呢？所謂過度保護，就是「父母超乎必要地爲小孩提供服務」，過度干涉則是「小孩沒有提出要求，父母卻什麼都要指導」。

▼親身體驗才是孩子最好的老師

孩子能從自己親身體驗的後果中學到很多事。阿德勒心理學也教導我們「親身體驗是孩子最好的老師」。此外，阿德勒心理學提倡「自然發展的後果」與「講道理的後果」的教養方式。

・自然發展的後果

讓孩子在沒有父母干涉的狀況下，承受自己所作所爲帶來的後果。比方說，看到孩子不寫功課也不責罵。最後，孩子到學校自然會體驗到沒寫功課的後果，自己感到愧疚，進而願意反省。對挑食的孩子也一樣，不勉強孩子吃，等他體驗到肚子餓的後果，自然就能學到食物的重要。

・講道理的後果

事前與孩子討論某個行爲，讓孩子自己爲做出這種行爲的後果負起責任。舉例來說，假設孩子主動提出想打棒球或學鋼琴，就事先和孩子討論好，以一天至少練習十五分鐘爲條件，讓他們去打棒球或學鋼琴。接下來如果孩子怠忽練習，就和他們講道理：「我們已經決定要學○○就得一天練習十五分鐘吧？現在你要選擇練習，還是放棄學習？自己決定一個吧。」像這樣，讓孩子自己負起做決定的責任。如此一來，只要眞的有心想學習，孩子就會乖乖練習了。

不過，「可想而知會發生重大災害或損失」、「孩子從親身體驗中學到的教訓不到促進發展的程度」、「致使親子關係惡化」等狀況下，就不適用這套教育方法了。

例如，放任孩子去做顯然會出車禍的體驗，這就絕對不行。此外，年幼的孩子不知道舔硬幣會導致肚子痛，但也不能爲了讓他學到這個，就放任孩子把硬幣放進嘴裡。

此外，親子之間如果沒有充分的信賴關係，父母不可以隨意採取放任主義的態度。這是因爲，孩子會誤以爲父母不關心自己，感覺自己不受重視。「讓孩子從親身體驗中學習」的教育方法，必須建立在親子之間相互尊重、相互信賴的關係上。

與其過度保護、過度干涉，不如讓孩子親身體驗

✕

過度保護

父母超乎必要地為小孩提供服務

過度干涉

小孩沒有提出要求，父母卻什麼都要指導

讓孩子親身體驗

自然發展的後果

反省

講道理的後果

遵守約定

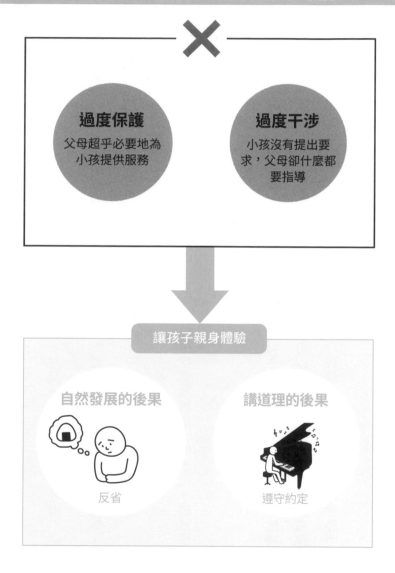

Column6

阿德勒不是博士嗎？

閱讀與阿德勒相關的書時，經常看見「阿德勒博士」這種寫法。然而，嚴格來說，阿德勒並非醫學博士。

終其一生，阿德勒都沒有拿過醫學博士學位。

阿德勒在維也納大學讀書，一八九五年，二十五歲那年拿到醫學士的學位。也就是說，他擁有醫師執照。

然而，這並不表示他曾透過論文取得博士學位。

書中「阿德勒博士」的寫法，或許是從英文的「Dr. Adler」直譯而成。只是，這裡的「Dr.」指的是「Medical doctor」，「阿德勒博士」可以說是誤譯。如果要用職業稱呼他，應該是「阿德勒醫師」才對。不過，若將他視為心理學家，直接稱呼「阿德勒」更為適當。

◆阿德勒踏入心理學世界的原因

起初，阿德勒研究的並不是心理學。他先成為一位眼科醫生，後來又轉成內科醫生，最後才成為精神科（心理）醫生。

那麼，阿德勒踏入心理學領域的開端又是什麼呢？

答案藏在阿德勒早期寫的書裡。這本書就是《器官缺陷及心理補償的研究》。

曾經擔任眼科醫生的阿德勒，看過很多失明的病患。這些病患因為視覺障礙的緣故，聽覺或觸覺比一般人加倍敏銳。

最重要的是，阿德勒認為視障者心理層面的自卑感形成心理補償，成為他們比一般人加倍努力的動力。

就近觀察病患的經驗，讓阿德勒除了醫師工作之外，也開始對心理學領域產生了興趣。

阿德勒心理學 習題⑥

問題 1 如何活用阿德勒心理學？

A **徹底研究理論。**

B **姑且實踐看看。**

問題 2 如何與憤怒和平共處？

A **扼殺情感。**

B **找尋引起憤怒的第一層情感。**

答案
問題 1：B（→ 178 頁）
問題 2：B（→ 182 頁）

問題 3 如何喜歡自己？

A **裝作沒看見自己的缺點。**

B **把缺點看成優點。**

問題 4 如何使用社群網站？

A **分離自己的課題和別人的課題。**

B **跟著別人的貼文**
喜怒哀樂。

答案
問題 3：B（→ 186 頁）
問題 4：A（→ 190 頁）

問題 5 同情會帶來什麼後果？

A 感情變好。

B 關係惡化。

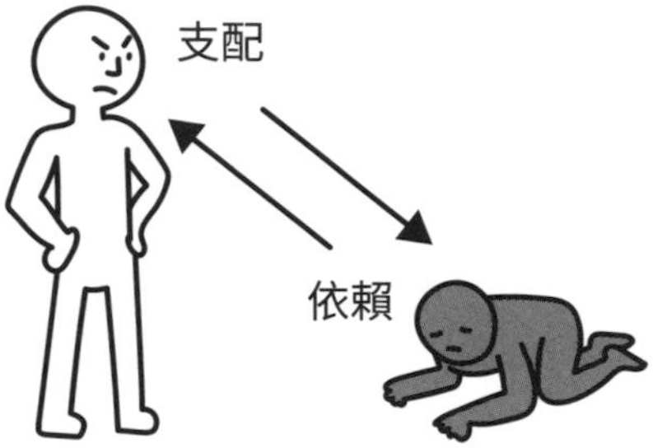

問題 6 如何看待合不來的人？

A 理想的狀態是不存在。

B 接受這樣的存在。

答案
問題 5：B（→ 194 頁）
問題 6：B（→ 198 頁）

結語

為了實踐阿德勒心理學

我是本書監修者岩井俊憲。感謝各位將作者永藤かおる寫的這本書讀到最後。

最近，書店裡愈來愈多冠上阿德勒名號的書。對推廣阿德勒心理學超過三十年的我來說，看到阿德勒的名字廣爲世人所知，是一件非常開心的事。

然而同時，也有感到遺憾的時候。這是因爲，市面上的書有不少誤解或曲解阿德勒心理學的地方。

雖是老王賣瓜，但我自認是日本研究阿德勒心理學的先驅。一九八三年，第一次接觸阿德勒心理學時深受感動的我，逐漸希望自己也能站在傳達這套心理學的立場。一九八五年四月便創立了 HUMAN GUILD 有限公司。

此後，我對多達十七萬人開辦了研習課程與演講，盡力推動阿德勒心理學，使這套學說在日本日漸普及。

敝公司傳授的阿德勒心理學特徵，整體來說具有寬容性。事實上，在阿德勒心理學的大本營美國，阿德勒心理學分成「芝加哥學派」、「紐約學派」和「舊金山學派」三種學派。

全世界唯一學過三種學派的人正是我的老師，也是HUMAN GUILD的最高顧問Joseph Pellegrino博士。因此，敝公司開辦的講座導入了關於阿德勒心理學最廣泛的學識。

另一個更大的特徵是，研習與演講的效果皆能長久持續。「派得上用場」的知識不只停留在研習或演講的場合，而是大幅改變聽講者的觀念，成爲實際上在日常生活中用得到的「實踐型阿德勒心理學」。

這是因爲，無論讀過再多阿德勒心理學相關書籍，聽過再多阿德勒說的話，若是不去實踐，那就一點意義也沒有。言語和行動必須相符，也就是「言行一致」，這是最重要的事。

閱讀完本書的各位，請務必從今天開始，在日常生活中提醒自己阿德勒心理學的內容，試著實踐看看。

比方說，想糾正什麼人的時候，記得提醒自己「要用鼓舞對方勇氣的方式」，只要這樣去實踐就行了。

當然，就算有這個想法，一開始還是很難徹底實踐。重要的是，即使沒有實踐得很完美，自己也能察覺並加以改善。養成隨時檢查「我現在的行動是否符合阿德勒心理學思考」的習慣。

一時感情用事，想怒罵對方或責備別人的時候，就提醒自己「這樣會折損對方的勇氣」、「下次記得要使用I（我）訊息表達」。經常像這樣回顧、反省自己的行為，就能改善下一次的表現。

反覆練習，在不知不覺中養成實踐的習慣。如此一來，阿德勒心理學的思考彷彿變成身上的血肉，「化爲身體的一部分」。像揮舞四肢一般，阿德勒心理學自然而然在生活中派上用場。

最終還能影響身邊的人，爲身邊的人提供生存之道的模範。阿德勒心理學是「爲他人貢獻」的心理學，不只自己，也能爲他人鼓舞勇氣，這是最值得高興的生活方式。

另外一點，在實踐阿德勒心理學時最重要的，就是要秉持實踐的「一貫性」。

阿德勒心理學不是只能用在特定場合的心理學。舉例來說，一個人能在「職場」上找出部下的優點，以鼓舞勇氣的方式訓練部下，回到「家庭」卻不斷挑家人毛病，折損妻子或孩子的勇氣，這樣稱不上已經學會了阿德勒心理學。

「職場」、「家庭」、「個人生活」，人生中有各種場域，請秉持「一貫性」，在所有場域都要實踐阿德勒心理學。

如果覺得自己一個人實踐有困難，歡迎參加 HUMAN GUILD 舉辦的講座。在這裡可以認識許多一起學習阿德勒心理學的終生友伴。

本書以簡單易懂的散文介紹廣泛的阿德勒心理學，看過之後馬上就能付諸實踐，可說是將 HUMAN GUILD 多年來活動集大成的一本書。

衷心希望閱讀本書的讀者都能在日常生活中實踐阿德勒心理學，邁向幸福人生。

HUMAN GUILD
岩井俊憲

ideaman 143

一看就懂！圖解 1 小時讀懂阿德勒心理學

原著書名／悩みが消える「勇気」の心理学　アドラー超入門
原出版社／株式会社ディスカヴァー・トゥエンティワン
作　　者／永藤かおる
監　　修／岩井俊憲
譯　　者／邱香凝
責任編輯／劉枚瑛
版　　權／吳亭儀、江欣瑜、林易萱
行銷業務／黃崇華、賴正祐、周佑潔、周丹蘋

總 編 輯／何宜珍
總 經 理／彭之琬
事業群總經理／黃淑貞
發 行 人／何飛鵬
法律顧問／元禾法律事務所 王子文律師
出　　版／商周出版
台北市 104 中山區民生東路二段 141 號 9 樓
電話：(02) 2500-7008　傳真：(02) 2500-7759
E-mail：bwp.service@cite.com.tw　Blog：http://bwp25007008.pixnet.net./blog
發　　行／英屬蓋曼群島商家庭傳媒股份有限公司城邦分公司
台北市 104 中山區民生東路二段 141 號 2 樓
書虫客服專線：(02)2500-7718、(02) 2500-7719
服務時間：週一至週五上午 09:30-12:00；下午 13:30-17:00
24 小時傳真專線：(02) 2500-1990；(02) 2500-1991
劃撥帳號：19863813　戶名：書虫股份有限公司
讀者服務信箱：service@readingclub.com.tw　城邦讀書花園：www.cite.com.tw
香港發行所／城邦（香港）出版集團有限公司
香港灣仔駱克道 193 號超商業中心 1 樓
電話：(852) 25086231 傳真：(852) 25789337　E-mailL：hkcite@biznetvigator.com
馬新發行所／城邦（馬新）出版集團【Cité (M) Sdn. Bhd】
41, Jalan Radin Anum, Bandar Baru Sri Petaling,
57000 Kuala Lumpur, Malaysia.
電話：(603)90578822　傳真：(603)90576622　E-mail：cite@cite.com.my

美術設計／林家琪
印　　刷／卡樂彩色製版印刷股份有限公司
經 銷 商／聯合發行股份有限公司
電話：(02)2917-8022　傳真：(02)2911-0053

■2022 年（民 111）6 月 2 日初版
■2024 年（民 113）3 月 26 日初版 3 刷
定價／ 380 元　Printed in Taiwan　
ISBN 978-626-318-265-3
ISBN 978-626-318-276-9（EPUB）

城邦讀書花園
www.cite.com.tw

國家圖書館出版品預行編目（CIP）資料
一看就懂！圖解 1 小時讀懂阿德勒心理學 / 永藤かおる著 ; 岩井俊憲監修 ; 邱香凝譯 . -- 初版 . -- 臺北市 : 商周出版 : 英屬蓋曼群島商家庭傳媒股份有限公司城邦分公司發行 , 民 111.06　232 面 ; 14.8×21 公分 . -- (ideaman ; 143)
譯自 : 悩みが消える「勇気」の心理学 : アドラー超入門
ISBN 978-626-318-265-3(平裝) 1.CST: 阿德勒 (Adler, Alfred, 1870-1937) 2.CST: 學術思想 3.CST: 精神分析學
175.7　　111005247

線上版讀者回函卡

Idea man